北洋设计文库

北洋匠心

天津大学建筑学院校友作品集 ④

本书编委会 编著

天津大学出版社
TIANJIN UNIVERSITY PRESS

本书编委会

主编单位： 天津大学建筑学院

承编单位： 天津大学建筑学院校友会

　　　　　　天津天大乙未文化传播有限公司

出版单位： 天津大学出版社

顾　　问： 彭一刚、崔愷

编委会主任： 张颀

编委会副主任： 王兴田、金卫钧、荆子洋、周恺、张中增

编　　委： 肖诚、高伦、周茂、詹晟、刘航、刘浩江、陈津、李迈、吕强、盛梅、王志刚、任祖华、王洋、王振飞、王鹿鸣、李宏宇、郑宁、张一、郭勇宽、萨枫、韦志远、杨洋、陈钊、李峥、王可尧、徐强、石锴、赵劲松、刘明、阎明、俞楠、汪瑞群、顾志宏、历莹莹、张文淼、张男、聂寅、曹胜昔、李德新、李欣、李艳、张俨、张舒

策　　划： 杨云婧

北洋匠心

天津大学建筑学院校友作品集 ④

本书编委会 编著

天津大学出版社

TIANJIN UNIVERSITY PRESS

北洋大学堂
1895-1995

彭一刚院士手稿

序
PREFACE

在进入 21 世纪之初,西南交通大学召开了一次"建筑学专业指导委员会"会议,我以顾问的身份应邀出席了这次会议。与以往大不相同的是,与会的人员几乎全部都是陌生的年轻人,那么老人呢?不言而喻,他们均是相继退出了教学岗位。作为顾问,在即兴的发言中我提到了新旧交替相当于重新"洗牌"。现在,无论老校、新校,大家都站在同一条起跑线上。老校不能故步自封,新校也不要妄自菲薄,只要解放思想并做出努力,都可能引领建筑教育迈上一个新的台阶。

天津大学,应当归于老校的行列。该校建筑系学生在各种建筑设计竞赛中频频获奖,其中有的人已成为了设计大师,甚至院士。总之天津大学建筑学的教学质量还是被大家认同的,究其原因不外有二:一是秉承徐中先生的教学思想,注重对学生基本功的训练;二是建筑设计课的任教老师心无旁骛,把全部心思都扑在教学上。于今,这两方面的情况都发生了很大变化,不得不令人担忧的是,作为老校的天津大学其建筑院系,是否还能保持原先的优势,继续为国家培养出高质量、高水平的建筑设计人才。

天津大学的前身是北洋大学,始建于 1895 年,距今已有 120 年了,也就是两个甲子,又逢新校区基本建成。届时,学校会举办各种庆典活动,我们拿什么来向这种庆典活动献礼呢?建筑学院的领导与天津大学出版社商定,出版一套天津大学建筑学院毕业学生的建筑设计作品集,其时间范围自 1977 年恢复高考至 21 世纪之初,从每届毕业生中挑出若干人,由他们自己提供具有代表性的若干项目,然后汇集成册,借此,向社会汇报我们改革开放之后 30 余年的教学和培养人才的成果。

对于他们的成果,作为天津大学建筑学院教师团队成员之一的我不便置评,但希望读者不吝批评指正,为今后的教学改革提供参考,是为序。

中国科学院院士

天津大学建筑学院名誉院长

2015 年 08 月

彭一刚院士手稿

前言
POREWORD

"百廿载悠长学府栉风沐雨，双甲子巍巍北洋桃李五洲"。作为我国近代高等教育史上建校最早的高等学府，2015 年 10 月 2 日，天津大学将迎来 120 年校庆纪念日。自 2014 年 10 月，学校即启动了"圆梦新校区 启航新甲子"迎接 120 周年校庆系列纪念活动，回顾历史、传递梦想、延续传统、开创未来，获得了各界校友的广泛关注和支持。

值此母校 120 年华诞之际，天津大学建筑学院在北京、上海、深圳、西安、石家庄等地组织了多场校友活动，希冀成为校友间沟通和交流的纽带，增进学院与校友的联系与合作。并由天津大学建筑学院、天津大学出版社共同策划出版《北洋匠心——天津大学建筑学院校友作品集》丛书，力求全面梳理建筑学院校友作品，将北洋建筑人近年来的工作成果向母校、向社会做一个整体的展示和汇报。

天津大学建筑学院的办学历史可上溯至 1937 年创建的天津工商学院建筑系，创办至今的近 80 年间，培养出一代代卓越的建筑英才，他们中的许多人作为当代中国建筑界的中坚力量甚至领军人物，为中国城乡建设挥洒汗水、默默耕耘。北洋建筑人始终秉承着"实事求是"的校训，以精湛过硬的职业技法、精益求精的工作态度以及服务社会、引领社会的责任心，创作了大量优秀的建筑作品，为母校赢得了众多荣誉。从 2008 年奥运会的主场馆鸟巢、水立方、奥林匹克公园，到天大北洋园校区的教学楼、图书馆，每个工程背后均有北洋建筑人辛勤工作的身影。他们执业多年仍心系母校，以设立奖学金、助学金、学术基金、赞助学生设计竞赛和实物捐助等形式反哺母校，通过院企合作助力建筑学院的发展，加强产、学、研、用结合，加速科技成果转化，为学院教学改革和持续创新搭建起一个良好的平台。

《北洋匠心——天津大学建筑学院校友作品集》自 2015 年 5 月面向全体建筑学院毕业校友公开征集稿件以来，得到各地校友分会及校友们的大力支持和积极参与，陆续收到 150 余位校友共计 465 个项目稿件。2015 年 7 月召开的编委会上，中国科学院院士、天津大学建筑学院名誉院长彭一刚，天津华汇工程建筑设计有限公司总建筑师周恺，天津大学建筑学院建筑系主任荆子洋，天津大学建筑学院校友会北京分会副会长、北京市建筑设计有限公司第一设计院院长金卫钧，上海分会会长、日兴设计·上海兴田建筑工程设计事务所总经理王兴田，深圳分会会长、深圳市中汇建筑设计事务所总经理张中增等，对本书的出版宗旨、编辑原则、稿件选用提出了明确的指导意见，对应征稿件进行了全面的梳理和认真的评议。本书最终收录均为校友主创、主持并竣工的代表性项目，希望能为建筑同人提供有益经验。

百廿载春去秋来，不变的是天大人对母校的深情大爱，不变的是天大人对母校一以贯之的感恩反哺。在此，衷心感谢各地校友会、校友单位和各位校友对本书出版工作的鼎力支持，对于书中可能存在的不足和疏漏，也恳请各位专家、学者及读者批评指正。

天津大学建筑学院院长
天津大学建筑学院校友会会长
2015 年 08 月

目录
CONTENTS

肖 诚 1991 级

深圳华汇设计有限公司 董事长、首席建筑师
国家一级注册建筑师
高级建筑师

1996 年毕业于天津大学建筑学院，获建筑学学士学位
1999 年毕业于天津大学建筑学院，获建筑学硕士学位
2011 年毕业于中欧国际工商学院，获高级工商管理硕士学位

1999—2002 年任职于北京建筑设计研究院深圳院
2002—2003 年任职于深圳万科房地产有限公司
2003 年至今任职于深圳华汇设计有限公司

个人荣誉
世界华人建筑师协会金奖（2011）
亚洲建协建筑金奖（2009）
第七届中国建筑学会青年建筑师奖（2008）
第五届中国精瑞科技住宅奖建筑设计金奖（2008）
中国勘察优秀设计二等奖（2008）
詹天佑大奖住宅金奖（2007）
全球华人青年建筑师奖（2007）
第二届中国"百年建筑"奖综合大奖（2006）

代表项目
深圳万科前海特区馆 / 深圳万科前海企业公馆 / 华侨大学厦门工学院 / 武汉茂园 /
杭州湾信息港 / 佛山南海万科广场 / 南海天安中心 / 广州万科蓝山 / 深圳万科金域
华府 / 深圳华侨城香山美墅 / 深圳西丽留仙洞总部基地一街坊 / 深圳湾超级城市

华侨大学厦门学院图书馆

设计单位：深圳华汇设计有限公司、
天津华汇工程建筑设计有限公司
业主单位：厦门仁文投资有限公司

设计团队：肖诚、师宏刚、郭元军
项目地点：福建省厦门市
场地面积：15,000 ㎡
建筑面积：39,280 ㎡
设计时间：2006 年
竣工时间：2008 年

图书馆的各功能空间均采用了统一模数化设计，在此基础上，更将九个分类阅览室以一种"模块"式的空间划分形成了相对独立的区间，并与基本书库和中央阅览室垂直对位，以最便捷的交通形成人流及书流的高效联系。另一方面，由于九个模块分布于三至五层，其空间位置与形态造成了一种"悬浮"的感觉，恰与底层完整连续的基座构成一种视觉上的平衡状态。

深圳前海国际会议中心

设计单位：深圳华汇设计有限公司
业主单位：万科企业股份有限公司

设计团队：肖诚、凌峥、王静
项目地点：广东省深圳市
场地面积：18,722 ㎡
建筑面积：11,075 ㎡
设计时间：2013 年
竣工时间：2014 年

深圳前海国际会议中心是在原石上经过人工切割的"钻石"雕塑。显露出来的部分是不同角度切割面的"钻石",有着晶莹剔透的建筑质感。"石头"部分通过冰裂纹肌理的铝板来表达"石头"的质感。建筑主体灯光与建筑结合为一体,平时是建筑外表皮的一部分,晚上变成三角形的点灯,形成科幻、梦幻的灯光效果。

广州万科蓝山

设计单位：深圳华汇设计有限公司
业主单位：广州万科房地产有限公司

设计团队：肖诚、郭元军、潘阳科
项目地点：广东省广州市
场地面积：75,000 ㎡
建筑面积：165,000 ㎡
设计时间：2004—2005 年
竣工时间：2007 年

立面图

建筑设计从传统居落的丰富形态中汲取灵感，试图以形体和空间组合的多样性，弱化大量快速开发容易形成的千篇一律，从而为居住者提供更好的识别性和更强的社区归属感。同时，看似随意的建筑外立面设计蕴含着明确的内在逻辑，一方面是对项目所处亚热带地区气候特点的考虑，通过精心设计的开窗方式以及半封闭的阳台、花架等元素提升夏季防晒和遮阳的效果，另一方面，也是对当地居民高度重视私密性的尊重。

武汉才茂街茂园

设计单位：深圳华汇设计有限公司
业主单位：武汉万科房地产有限公司

设计团队：肖诚、潘阳科、杨丹
项目地点：湖北省武汉市
场地面积：9,000 ㎡
建筑面积：2,000 ㎡
设计时间：2008 年
竣工时间：2009 年

南侧一字形柱廊的设计，意在让外部城市道路和内部场所之间形成一个过渡性的空间界面，其最外缘的清水砼牛腿柱列是基地中一个大厂房的主要承重结构，它被完整地移植到了这个新的柱廊之中，与新设计的红砖质感的门形方券相得益彰地复合在一起，形成一组具有强烈连续感和韵律感的阵列。设计在与原建筑形成对比的同时，更突出原有的建筑，使其焕发出新的光彩。大面积景观水池的设置，为精心保留的老厂房和构筑物提供了完美的反射界面。

深圳万科金域华府

设计单位：深圳华汇设计有限公司
业主单位：深圳市万科房地产有限公司

设计团队：肖诚、牟中辉、邓卫权、官文兵
项目地点：广东省深圳市
场地面积：76,000 ㎡
建筑面积：260,000 ㎡
设计时间：2006 年
竣工时间：2009 年

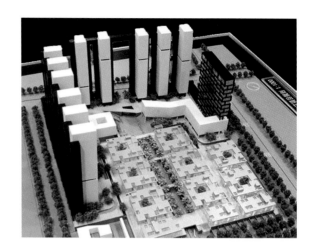

项目设计在使高密度居住项目追求自身资源配置和价值分布最优化的同时，对外部空间和城市界面也发挥了更加积极的作用。通过创新的城市合院别墅的设计，实现一种新的城市低密度居住产品，它并不过多依赖对稀缺资源（土地、景观等）的占有而实现其价值。此外，本项目设计使该项目产品不以单一高层的组合的方式出现，而是实现一种复合型的产品组合和混合式的居住模式。

合院的设计为别墅类产品提供了明确的私人领域。同时由七户住宅共同围合出一个 20 米见方的院落形成一个属于邻里间的"公共客厅",每户的前、中、后三个院子和二、三层的阳台与露台为生活带来一系列半私密空间。

高 伦 1992 级

天津大学建筑设计规划研究总院 设计二所高级工程师
国家一级注册建筑师

1997 年毕业于天津大学建筑学院，获建筑学学士学位
2001 年毕业于天津大学建筑设计规划研究总院，获建筑学硕士学位

2001 年至今任职于天津大学建筑设计规划研究总院

获奖项目
1. 天津大学 15 教学楼绿色化改造工程（合作）：教育部优秀勘察设计二等奖（2015）
2. 黄骅琨洋购物广场：天津市优秀勘察设计二等奖（2015）
3. 辽宁省交通高等专科学校图书馆：天津市优秀勘察设计三等奖（2012）
4. 辽宁省交通高等专科学校机加中心：天津市优秀勘察设计三等奖（2012）
5. 辽宁科技大学图书馆（合作）：天津市优秀勘察设计二等奖（2009）
6. 河南巩义市电力通讯综合楼：天津市优秀勘察设计三等奖（2008）

巩义市电力通讯综合楼

设计单位：天津大学建筑设计规划研究总院
业主单位：河南省巩义市电业局

天津市优秀勘察设计三等奖（2008）

设计团队：吕大力、高伦
项目地点：河南省巩义市
场地面积：19,180 ㎡
建筑面积：28,814 ㎡
设计时间：2004 年
竣工时间：2006 年

依据建筑的功能要求和场地特征，把办公楼体量分成三部分，分别是东侧作为电业局办公之用的高层部分，用于对外服务、大空间办公及后勤等主要职能作用的弧形裙房，以及镶嵌在裙房西部的三层高大型会议中心，各部分均可独立实现自身的功能。

三大体量的有机组合，形成独特的建筑空间形象，表现出一种清晰、直率的性格，三大体量的设计使各种人流有自己清晰的认知，达到快速分流的目的，不致让人迷失在庞大体量的压迫感中。

辽宁交通高等专科学校图书馆

设计单位：天津大学建筑设计规划研究总院
业主单位：辽宁科技大学

天津市优秀勘察设计三等奖（2012）

设计团队：高伦、陈晓宇
项目地点：辽宁省沈阳市
场地面积：12,000 ㎡
建筑面积：19,500 ㎡
设计时间：2008 年
竣工时间：2010 年

建筑在一个完整的方形体量中，用减法勾勒出整体轮廓，采用大的虚实对比。外饰面全部为冷灰色石材，使建筑浑然一体，宛自天成。阅览室主要布置在南北两侧，五层高的共享空间顶部设有大型天窗，使图书馆内部空间洒满日光，各功能空间有极佳的双向采光效果。景观楼梯的设置既丰富了共享大厅的空间层次，又使空间有了明确的方位感。

周 茂 1993 级

广州市设计院 第一设计室副主任
广州大学特聘教授
国家一级注册建筑师
教授级高级建筑师

1998 年毕业于天津大学建筑学院，获建筑学学士学位

1998 年至今任职于广州市设计院

个人荣誉
第十届中国建筑学会青年建筑师奖

获奖项目
1. 广东省电力设计研究院二期办公楼：广州市优秀工程勘察设计二等奖（2014）/广东省优秀工程勘察设计二等奖（2015）
2. 中国粤剧院：广东省注册建筑师协会第四次优秀建筑佳作奖（2007）/ 广州市优秀工程勘察设计二等奖（2014）/ 广东省优秀工程勘察设计二等奖（2015）
3. 中国南方电网有限责任公司生产科研基地北区：广州市绿色建筑优秀设计一等奖（2014）
4. 广州科学城综合研发孵化区 A 组团 A1-A6 栋：广东省优秀工程勘察设计一等奖（2010）/ 全国优秀工程勘察设计三等奖（2011）/ 全国人居经典建筑金奖（2013）
5. 广州第 16 届亚运会马术比赛场项目：广州市优秀工程勘察设计二等奖（2012）
6. 广东奥林匹克体育中心总平面亚运改造工程：广州市优秀工程勘察设计二等奖（2012）

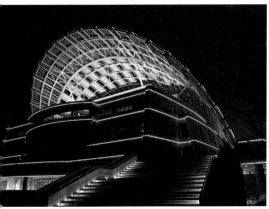

中国婺剧院

设计单位：广州市设计院、浙江省建筑设计研究院
业主单位：浙江金华市中国婺剧院筹建领导小组办公室

广东省注册建筑师协会第四次优秀建筑佳作奖（2007）
广州市优秀工程勘察设计二等奖（2014）
广东省优秀工程勘察设计二等奖（2015）

设计团队：周茂、金坤、林浩骏
项目地点：浙江省金华市
场地面积：28,736 ㎡
建筑面积：29,186 ㎡
设计时间：2005—2009 年
竣工时间：2013 年

本工程位于浙江金华三江交汇处的小岛之上，设计理念源自义乌江上正在起飞的天鹅的翅膀，前低后高的剧院空间形态恰如其分地放置于钢骨韵律的翅膀之中，建筑空间与外部造型的完美结合，创造出与地域环境协调统一的地标性建筑，远远望去，建筑恰似一只款款的天鹅于江面划游。

詹 晟 1993 级

上海三益建筑设计有限公司 设计总监
国家一级注册建筑师

1998 年毕业于天津大学建筑学院，获建筑学学士学位
2005 年毕业于同济大学建筑与城市规划学院，获建筑学硕士学位

1998—2002 年任职于天津市建筑设计院
2005 年至今任职于上海三益建筑设计有限公司

代表项目
天津第十三中示范高中校 / 华侨大学厦门校区图书馆 / 上海嘉定莱英郡 / 苏州水岸清华 / 南京汤山颐尚温泉度假酒店 / 东营广饶名士佳园 / 武汉福星惠誉水岸国际 / 上实大理洱海庄园 / 武汉百联奥特莱斯 / 中山医院天马山疗养院二期 / 山东中烟洪山广场 / 宝鸡华夏 MAXMALL 商业综合体 / 南京世茂 A1 商业项目 / 无锡苏宁环球北塘商住综合体 / 上实泉州海上海项目一期 / 绿地无锡太湖大道 / 长沙万博汇名邸三期 / 宝能芜湖天地

获奖项目
1. 中山医院天马山疗养院（二期）项目：上海市建筑学会第六届建筑创作奖佳作奖（2015）
2. 武汉福星惠誉水岸国际："国际人居创新影响力示范楼盘"特别大奖（2012）
3. 华侨大学厦门校区图书馆项目：第五届上海国际青年建筑师作品展二等奖（2006）

武汉福星惠誉水岸国际

设计单位：上海三益建筑设计有限公司
业主单位：武汉福星惠誉置业有限公司

"国际人居创新影响力示范楼盘"特别大奖（2012）

设计团队：詹晟、刘启荣、谢文博、施铭
项目地点：湖北省武汉市
场地面积：83,000 ㎡
建筑面积：400,000 ㎡
设计时间：2010 年－2011 年
竣工时间：2013 年

项目位于武昌中心区和平大道和友谊大道之间，用地被现有道路划分成四个形状不规则的地块。建筑功能包括商业、公寓式酒店和超高层住宅。设计将四个地块的功能和形象紧密联动作为切入点，通过一条 S 形动线高效联络四个地块的商业功能，将沿街商业、商业街区和集中商业紧密整合在一起，提升了零散多地块的商业聚合力。公寓式酒店根据交通和天际线的要求穿插在商业街区中，既保证了交通和功能的相对独立又促进了公寓式酒店和商业功能之间的互动。住宅区域设置在商业价值较弱的位置，形成独立的高品质住区。项目设计运用"都市魔方"概念，整个项目基于方格网的体系规划设计，在打造丰富的商业街区空间的同时也保证了工程的节约高效。

刘　航 1993 级

天津大学建筑设计规划研究总院 主任工程师

1996 年毕业于天津大学建筑系，获建筑学硕士学位

2004 年至今任职于天津大学建筑设计规划研究总院

获奖项目
1. 天津工业大学大学生活动中心：教育部优秀勘察设计二等奖（2013）/ 全国优秀工程勘察设计行业奖三等奖（2013）
2. 天津市大学软件园生活区一期工程：天津市"海河杯"优秀勘察设计三等奖（2012）
3. 天津工业大学新校区 A 区学生生活区：天津市"海河杯"优秀勘察设计三等奖（2010）

天津工业大学大学生活动中心

设计单位：天津大学建筑设计规划研究总院
业主单位：天津工业大学

教育部优秀勘察设计二等奖（2013）
全国优秀工程勘察设计行业奖三等奖（2013）

设计团队：刘云月、刘航、杨永哲
项目地点：天津市
场地面积：15,573 ㎡
建筑面积：15,377 ㎡
设计时间：2010 年
竣工时间：2012 年

建筑尺度、形体、材质、色彩尊重并延续校园整体风格，同时着力营造更丰富、多变、连续、内外部交融的公共空间体验。独特的黄褐色装饰砖幕墙与矩形主体有效地使本建筑与周边校园建筑群融为一体，标志性的东北塔楼简洁有力，向校外来访者醒目地昭示着活动中心的所在，如同高举的手臂，象征着大学生奋发向上、积极进取的精神风貌。平实的北立面掩映在绿树后，呼应着沉稳、对称式建筑形体的行政中心。

刘浩江 1993 级

上海建筑设计研究院有限公司 一院总建筑师、设计副总监
国家一级注册建筑师
高级建筑师
IPMP 国际项目管理专家

1996 年毕业于天津大学建筑系，获建筑学硕士学位

1996 年至今任职于上海建筑设计研究院有限公司

代表项目
黄岩区政府行政大楼 / 上海财富海景花园 / 昆山新港湾大酒店 /
镇江广播电视中心 / 威海国际展览中心 / 漕河泾总部园区 / 漕河
泾商贸园区 / 厦门海峡交流中心·国际会议中心 / 洛阳东方世纪
城 / 泉州第一医院 / 上海赢华国际广场 / 昆山中冶昆庭 / 杭州华
三总部基地 / 福州福晟钱隆广场 / 慈溪嘉丽酒店 / 鄂尔多斯恒利
国际大厦 / 上海振龙酒店综合体 / 上海国际金融中心 / 上海前滩
企业天地二期 / 上海前滩 29# 地块 / 上海前滩铁狮门项目 / 宁波
城市展览馆 / 昆山开发区图书展示馆与自行车展示中心

获奖项目
1. 杭州华三总部基地：上海市优秀建筑创作佳作奖（2011）/
浙江省优秀工程设计奖（2014）
2. 厦门海峡交流中心·国际会议中心：上海市优秀工程勘察
设计项目一等奖（2011）/ 中国勘察设计协会优秀设计二等奖
（2013）
3. 漕河泾总部园区：LEED 金奖三项、LEED 银奖三项认证
（2011）/ 上海市优秀项目设计一等奖（2013）/ 中国勘察设
计协会优秀设计三等奖（2013）
4. 威海国际展览中心：威海国际设计大奖赛特别奖（2005）/
上海市优秀民用建筑项目一等奖（2007）/ 全国工程勘察设计
行业优秀工程设计二等奖（2008）

厦门海峡交流中心·国际会议中心

设计单位：上海建筑设计研究院有限公司、（株式会社）日本设计
业主单位：厦门嘉诚投资发展有限公司

上海市优秀工程勘察设计项目一等奖（2011）
中国勘察设计协会优秀设计二等奖（2013）

设计团队：陈国亮、刘浩江、成旭华、盛小超、
王文霄、小林利彦（日设）、石林大（日设）
项目地点：福建省厦门市
场地面积：118,524 ㎡
建筑面积：140,905 ㎡
设计时间：2005—2007 年
竣工时间：2008 年

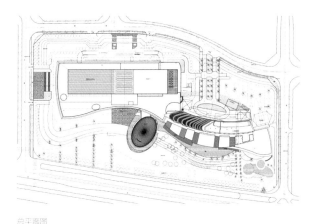

总平面图

本项目使用功能由会议中心（50、100、300、500、2,500 人）、宴会中心（2,000人）、五星级酒店（550 钥匙间）、音乐厅（800 座）四部分组成。

设计通过强调建筑形态与体量以突出其功能特点，使其成为厦门市东部城市副中心的新标志。以厦门的"海、风、浪、阳光和空气"为创意主题，通过对曲线的积极运用和光影的细腻处理，获得既能体现厦门风情又具备形态冲击力的建筑景观。

漕河泾总部园区

设计单位：上海建筑设计研究院有限公司、（株式会社）日本设计
业主单位：上海漕河泾开发区高科技园发展有限公司

LEED 金奖三项、LEED 银奖三项认证（2011）
上海市优秀项目设计一等奖（2013）
中国勘察设计协会优秀设计三等奖（2013）

设计团队：刘浩江、成旭华、盛小超、王文霄
金波（日设）、茅晓东（日设）
项目地点：上海市
场地面积：58,383 ㎡
建筑面积：158,690 ㎡
设计时间：2006—2007 年
竣工时间：2010 年

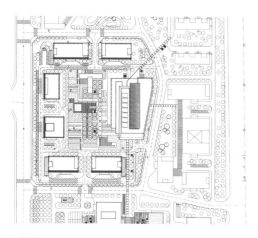

总平面图

总体半围合式的建筑群布局恰当地区分出城市空间与园区空间，也为园区及整个区域贡献了大面积的开放绿地。建筑立面采用陶板、铝板与玻璃的组合，凸显简洁高效的办公园区氛围。通过下沉庭院、空中花园、屋顶花园等绿化空间的引入，实现各单体各功能空间与中央绿庭的互动融合。集中能源中心、冰蓄冷技术、雨水回收、太阳能利用、新型节能材料与产品的综合利用极大提升了项目的整体生态效应。园区整体室外景观采用微地形处理，形成具有纵深感和立体感的生态庭园。

杭州华三总部基地

设计单位：上海建筑设计研究院有限公司
业主单位：杭州高新技术产业开发总公司

上海市优秀建筑创作佳作奖（2011）
浙江省优秀工程设计奖（2014）

设计团队：刘浩江、成旭华、盛小超、王文霄
项目地点：浙江省杭州市
场地面积：59 912 ㎡
建筑面积：144 000 ㎡
设计时间：2009—2010 年
竣工时间：2014 年

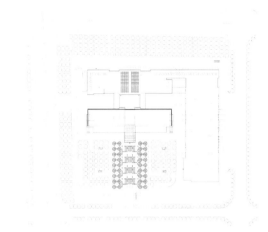

平面图

项目的总体规划、建筑设计、室内设计、景观设计等各设计环节均以简洁、现代、高效为基本原则，体现建筑鲜明的时代特征。建筑群造型新颖简洁、美观大气，具有鲜明的 IT 行业特质。生产大楼采用蓝灰色横明竖隐单元式幕墙体系，"0" 与 "1" 的深灰色网络 LED 窗韵律穿插其间，成为白天与夜晚中建筑闪耀、活跃的精神元素。

建筑设计中秉持以人为本的理念，从园区景观、办公空间、休息交流空间等诸多方面着手，力图营造层次丰富、健康绿色的园区建筑空间。

威海国际展览中心

设计单位：上海建筑设计研究院有限公司
业主单位：威海市城建项目开发投资有限公司

威海国际设计大奖赛特别奖（2005）
上海市优秀民用建筑项目一等奖（2007）
全国工程勘察设计行业优秀工程设计二等奖（2008）

设计团队：刘浩江、段斌、苏粤、刘启荣
项目地点：山东省威海市
场地面积：91,590 ㎡
建筑面积：57,500 ㎡
设计时间：2004—2005 年
竣工时间：2005 年

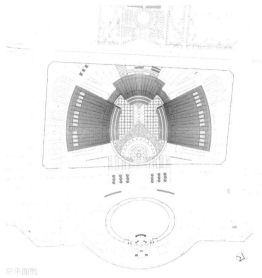

总平面图

总体布局中将南北两个扇形展厅对称布置，合理留出中央的景观视线通廊。两个展厅西侧用圆弧形柱廊连通中央门厅兼小展厅，自然形成了一个半围合的面向大海开放的中心广场，基地内建筑轴线与城市景观轴线自然重合。通过海滨南路局部下立交的道路改造，用绿化与人行步道将文化广场与展览中心广场有机连为一体，两个广场承担着不同的城市功能，既分又合，相互补充。建筑基地东西城市道路两侧高达5米多的自然高差与建筑群浑然一体，自然衔接。整体建筑形象似百舸待发的港湾，又似鸟儿展翅欲飞的双翼。

陈 津 1994 级

汇张思建筑设计咨询有限公司 HZS 副总经理
美国注册建筑师协会会员 AIA

1999 年毕业于天津大学建筑学院，获建筑学学士学位
2002 年毕业于天津大学建筑学院，获建筑学硕士学位
2006 年毕业于加拿大卡尔加里大学环境设计学院，
获城市设计硕士学位

2006—2009 年任职于美国纳尔斯波顿设计事务所
2010 年至今任职于汇张思建筑设计咨询有限公司 HZS

代表项目
晋江龙湖嘉天下 / 西安中海百贤府 / 天津中信城市广场二
期 / 天津杨柳青悦榕庄酒店、别墅、企业会所 / 常州武进
万达城市综合体 / 美国佐治亚州亚特兰大市北湖广场

晋江龙湖嘉天下

设计单位：汇张思建筑设计咨询有限公司 HZS
业主单位：晋江龙湖晋源置业有限公司

设计团队：陈津、张润舟
项目地点：福建省厦门市
场地面积：46,908 ㎡
建筑面积：66,609 ㎡
设计时间：2013 年
竣工时间：2013 年

立面图

项目原有的立面风格为龙湖传统的托斯卡纳风格，整体形象较为乡土田园。改造后的风格不仅延续了欧洲传统建筑的处理手法，更重要的是借鉴了鼓浪屿近现代建筑中中西合璧文化交织的带有当地地方元素的建筑细部，从而使得建筑富有新闽南地域风格。项目最终形成了托斯卡纳风格与鼓浪屿风格在晋江这一素有中西文化交织共生区域的再次融合与碰撞。

西安中海百贤府

设计单位：汇张思建筑设计咨询有限公司 HZS
业主单位：中海鼎业（西安）房地产有限公司

设计团队：陈津、张润舟、黄星
项目地点：陕西省西安市
场地面积：39,323 ㎡
建筑面积：71,400 ㎡
设计时间：2010—2012 年
竣工时间：2013 年

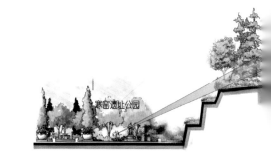

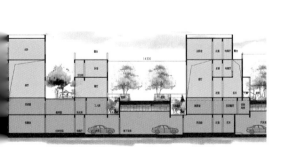

项目将景观设计与建筑设计完美地融于一体，打造成功的装饰艺术风格与自然流动式相结合的户外体验。景观设计追求奢华尊贵感与健康的生活环境。

李 迈 1994 级

美国墨菲扬建筑师事务所（JAHN, LLC） 副总裁、中国首席代表
美国建筑师协会会员
美国绿色建筑协会认证设计师

1999 年毕业于天津大学建筑学院，获建筑学学士学位

2001—2002 年任职于美国 HKS architects 事务所
2002—2003 年任职于美国 Danielian Associates 事务所
2003—2006 年任职于美国 Gensler 事务所
2006 年至今任职于美国墨菲扬建筑师事务所（JAHN, LLC）

代表项目
东京日本邮政总部大厦
南京河西 CBD 苏宁广场
上海国际金融中心

获奖项目
广州利通广场：芝加哥建筑协会优秀建筑奖（2013）/
国际 LEED 金级认证 / 中国建筑工程鲁班奖

广州利通广场

设计单位：美国墨菲扬建筑师事务所（JAHN, LLC）、
华南理工大学设计研究院（合作）
业主单位：广东利通置业投资有限公司

芝加哥建筑协会优秀建筑奖（2013）
国际 LEED 金级认证
中国建筑工程鲁班奖

设计团队：Helmut Jahn、Francisco Gonzalez、
Sandy Gorshow、李迈、Nicolas Anderson、
Patrick Brown、高歌、Hyeseon Ju、Isabell
Klunker、Young Jang、Hugh Whitmore
项目地点：广东省广州市
场地面积：9,900 ㎡
建筑面积：159,500 ㎡
设计时间：2006—2011 年
竣工时间：2012 年

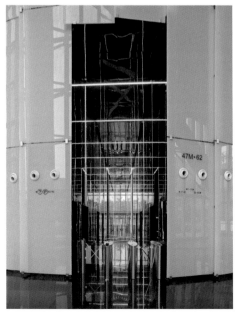

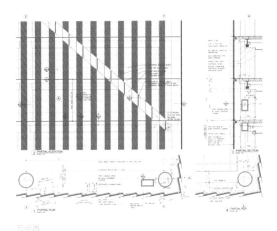

无论白天或是夜晚,大厦的优雅外观均使它在这一地区成为醒目的标志。大厦既独立挺拔,而又通过四周开放式的景观空间及高大通透的大堂,完美地融入城市环境之中。与之相呼应,具有高大通透的空中花园的建筑顶部,成为大厦形式上和空间上的另一大特色。无论白天和夜晚,盘旋上升的线条和柔和变化的灯光,将大厦的这些特色空间联系起来,同时展现出建筑的结构美感。

日本邮政总部大厦

设计单位：美国墨菲扬建筑师事务所（JAHN, LLC）、
株式会社三菱地所设计（合作）
业主单位：日本邮政株式会社、东日本旅客铁道株式会社、
三菱地所株式会社

设计团队：Helmut Jahn、Francisco Gonzalez、
李迈、Sandy Gorshow、Ulysses
Castillo、Joseph Stypka
项目地点：日本东京
场地面积：11,600 ㎡
建筑面积：220,000 ㎡
设计时间：2007—2012 年
竣工时间：2012 年

项目为一座新建的企业总部高层建筑，位于原日本邮政公社地块之上并紧邻其旧楼而建。新建塔楼以原有建筑立面为基础，并将其结合形成一条商业廊街。折纸墙造型打造了雕塑般的建筑外形，同时实现了与现有建筑及其周边环境的联系。塔楼折叠式立面的周边设置了媒体墙，而裙楼采用玻璃幕墙，完成了整栋建筑的构图，并从视觉上将垂直和水平的建筑联系起来。

吕 强 1994 级

CCDI 悉地国际设计顾问有限公司 设计副总裁
国家一级注册建筑师
《建筑技艺》编委

1999 年毕业于天津大学建筑学院，获建筑学学士学位

2001—2004 年任职于天津市特盖佳装饰有限公司
2002—2004 年任职于 PTW 建筑设计有限公司
2005 年至今任职于 CCDI 悉地国际设计顾问有限公司

个人荣誉
中国建筑学会青年建筑师奖（2014）
国家优质工程突出贡献者（2013—2014）
北京市奥运工程规划勘察设计与测绘行业先进个人（2008）

获奖项目
1. 天津团泊新城网球中心：全国人居经典建筑规划设计建筑、科技双金奖（2013）/ 国家优质工程（2013—2014）/ 全国工程建设项目优秀设计成果一等奖（2013—2014）/ 北京市第十八届优秀工程设计公共建筑一等奖（2015）/ 第五届华彩奖建筑工程设计金奖（2015）
2. 福州海峡奥林匹克体育中心：全国人居经典建筑规划设计建筑金奖（2013）
3. 天津张家窝华旭小学：第六届中国建筑学会创作奖佳作奖（2011）/ 北京市第十六届优秀工程设计二等奖（2012）/ 全国优秀工程勘察设计行业奖建筑工程公建一等奖（2013）
4. 北京国家网球中心：IOC（国际奥委会）、IAKS（国际体育和休闲设施协会）铜奖（2009）/ IPC（国际残奥委）、IAKS（国际体育和休闲设施协会）特别奖（2009）/ 中国建筑学会建国 60 周年建筑创作大奖（2009）/ 北京市第十四届优秀工程设计二等奖（2009）/ 全国优秀工程勘察设计奖铜奖（2008）/ 国家优质工程银奖（2008）/ 第五届中国建筑学会创作奖佳作奖（2008）

* 个人照片由《灵犀》杂志提供

北京国家网球中心

设计单位：CCDI 悉地国际设计顾问有限公司、澳大利亚 BVN
业主单位：北京市国有资产经营有限责任公司

IPC（国际残奥委）、IAKS（国际体育和休闲设施协会）特别奖（2009）
IOC（国际奥委会）、IAKS（国际体育和休闲设施协会）铜奖（2009）
中国建筑学会建国 60 周年建筑创作大奖（2009）
北京市第十四届优秀工程设计二等奖（2009）
全国优秀工程勘察设计奖铜奖（2008）
第五届中国建筑学会创作奖佳作奖（2008）
国家优质工程银奖（2008）

设计团队：郑方、吕强、吴嘉怡、许月
项目地点：北京市
场地面积：166,000 ㎡
建筑面积：26,500 ㎡
设计时间：2005 年
竣工时间：2007 年

总体立面造型设计以简洁朴素为基调，以清水混凝土、钢材的质感含蓄地表达出建筑与奥林匹克公园相匹配的形式，灰色的墙体与绿色的草地使整个建筑群与森林公园的整体环境恰到好处地融为一体。中心赛场和两块主赛场都采用正十二边形造型，12 个边就是 12 个看台，罩棚恰似 12 片纯洁的花瓣盛开在绿色的森林里并向着湛蓝的天空中伸展，宛若三朵盛开的芙蓉。

福州海峡奥林匹克体育中心

设计单位：CCDI 悉地国际设计顾问有限公司
业主单位：福州市土地储备中心

全国人居经典建筑规划设计建筑金奖（2013）

设计团队：吕强、罗凯、金家宇、胡志亮、高楠
项目地点：福建省福州市
场地面积：63,614 ㎡
建筑面积：390,000 ㎡
设计时间：2011 年
竣工时间：2015 年

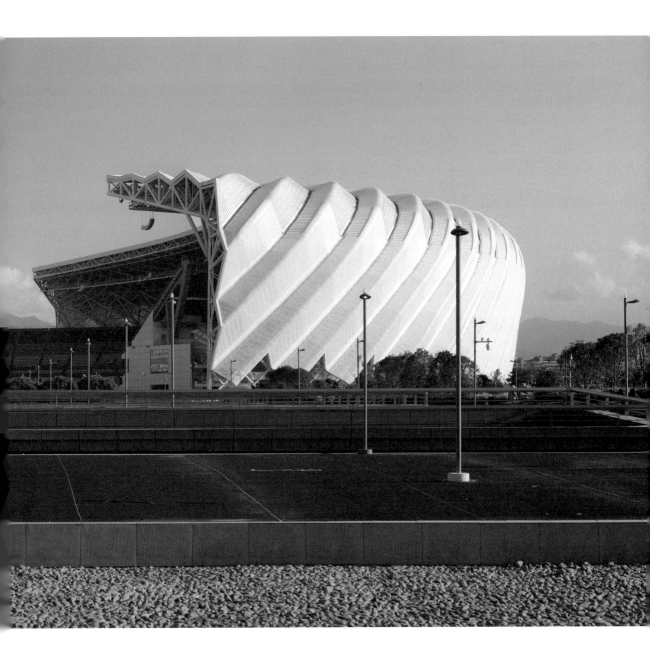

体育场主体平台轮廓近椭圆形，既是赛时观众疏散平台，又是赛后体育中心休闲广场的一部分。6 万人的看台设计充分考虑观看比赛时良好的视觉效果和场内氛围，看台及场地采用紧凑布置方式，在北侧朝向中心区处二层以上 60 米开口，使体育场内面向中心区有良好的空间渗透和视觉景观，强化南北方向轴线。体育场罩棚立面具有垂直方向的均匀穿孔率变化，使整座建筑在人体尺度上富有感官细节，也是自然呼吸的幕墙系统。

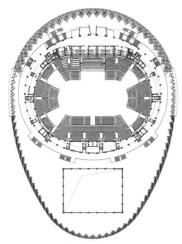

体育馆 3 层平面图

看台上覆盖了东西两片对称的钢结构罩棚，保证绝大部分观众在遮挡区范围内。大面积的罩棚设计为建筑提供了良好的遮阳环境，同时保证建筑物内部具备良好的自然通风环境。

盛 梅 1994 级

ATA 设计公司 董事总监

1994 年毕业于天津城建学院建筑系，获工学学士学位
1997 年毕业于天津大学建筑学院，获工学硕士学位
2003 年毕业于美国伊利诺伊大学，获景观建筑学硕士 (MLA) 学位

2003 年至今任职于 ATA 设计公司

个人荣誉
美国 Edward L. Ryerson 旅行奖金获得者
日本城市空间研究（2002）
美国景观建筑师协会优秀毕业生 (ASAL Award of Honor, UIUC)
（2001）
美国 Kluesing Prize 创作艺术奖，UIUC（2001）

代表项目
北京润泽公馆墅郡景观设计 / 北京润泽公馆景观设计 / 杭州西溪里
住宅景观设计 / 西单文化广场改造景观设计 / 天津万科东丽湖湿地
公园景观设计 / 北京龙湖滟澜山别墅景观设计

枕水人家：紧临池塘的草坪本是消防回车场，通过铺装和草地的变化以及周边小品、植物的围合，成为一个安静的休闲区。

杭州西溪里随园

设计单位：ATA 设计公司
业主单位：浙江坤和建设集团

设计团队：盛梅、徐文玉、康晓旭、Austin Tao、
牟丹丹、Guy Walter、Timothy Callahan
项目地点：浙江省杭州市
场地规模：17,000 ㎡
景观面积：5,000 ㎡
设计时间：2007—2008 年
竣工时间：2010 年

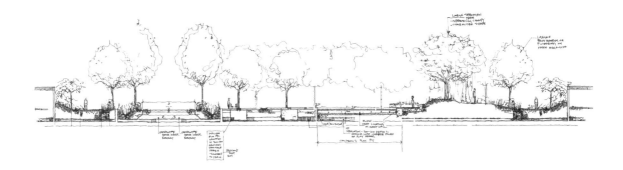

种植作为有效的设计元素，既是围合、界定空间的重要手段，又是景观小品的主题。设计将地表雨水收集起来，通过明渠与蓄水区（雨水花园），经外部公共绿地排入相邻河道。

项目实施后第四年，草木已成，建筑掩映在一片绿荫当中。

王志刚 1994 级

天津大学建筑学院 副教授、硕士生导师
国家一级注册建筑师

1999 年毕业于天津大学建筑学院，获建筑学学士学位
2004 年毕业于清华大学建筑学院，获建筑学硕士学位
2010 年毕业于天津大学建筑学院，获工学博士学位

2004 年至今任职于天津大学建筑学院

个人荣誉
CCDI 天津大学优秀青年教师奖
天津大学教书育人优秀教师奖
亚洲建筑新人战优胜奖优秀指导教师
全国大学生建筑设计作业评选优秀指导教师
霍普杯大学生建筑设计国际竞赛一等奖指导教师

代表项目
天津老城厢杨家大院改造方案设计 / 天津鼓楼商业街
区西北地块方案设计 / 天津海河文化中心方案设计 / 天
津市东丽区农业银行办公楼方案设计 / 中国水利电力
公司办公楼方案设计 / 中国海洋博物馆国际竞赛方案
设计 / 天津市肿瘤医院竞赛方案设计 / 昆明抚仙湖会所
概念方案设计 / 上海张大千博物馆概念方案设计 / 安徽
金寨华润希望小镇规划及单体设计

富力星·阅读体验舱

设计团队：

建筑设计：王志刚、林舒玲、刘涵冰、马思然、廖路喆、
马宇婷、刘佳宁；景观设计：曹磊、郝卫国、杨冬冬；
室内设计：邱景亮；灯光设计：张明宇、高云鹏；
技术顾问：张颀、许蓁、刘刚、张宗森、郭娟利、
曲晓舟、安海玉、于占文、杨建民、陈龙、王伯程；
项目地点：天津市
占地面积：630 ㎡
建筑面积：302 ㎡
设计时间：2014—2015 年
竣工时间：2015 年
摄影：何斌

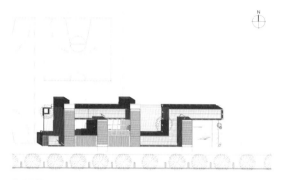

总平面图

设计基于集装箱的特点，结合对环境与功能的考虑，进行了理性的空间组合设计。集装箱作为建构单元，具有明确的空间特色与结构属性，因此我们尽可能保留集装箱的原有构件，尊重其"封闭狭长"的"舱体空间原型"，通过一二层箱体的交叠排布和东西向视觉轴线的布置，营造出"开放流动"的"庭院系列空间"，使得室内外空间形成"动静""收放""明暗"的对比与渗透。这种理性而又创新的设计理念，将工业美学与东方禅意巧妙结合，为师生的日常学习生活营造出了各具特色的五个室外庭院、一个通高室内中庭及三处室外平台。

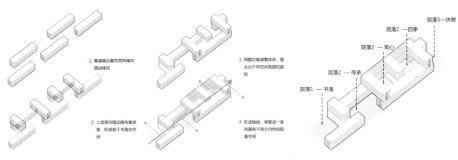

① 集装箱沿着东西向横向错动排列

② 上层竖向错动搭构集装箱，形成若干半围合空间

③ 根据功能调整体块，围合出不同空间氛围的庭院

④ 形成轴线，串联成一系列具有不同方向性的院落空间

院落1 — 书海
院落2 — 传承
院落2 — 筑心
院落2 — 四季
院落5 — 休憩

形体生成及院落关系

任祖华 1995 级

中国建筑设计研究院有限公司本土设计中心 第二工作室主任
国家一级注册建筑师

2000 年毕业于天津大学建筑学院，获建筑学学士学位
2003 年毕业于天津大学建筑学院，获建筑学硕士学位

2003 年至今任职于中国建筑设计研究院有限公司

获奖项目
1. 天津大学新校区主楼：中国建筑设计研究院优秀方案一等奖、施工图设计一等奖
2. 天津大学新校区综合实验楼：中国建筑设计研究院优秀方案一等奖、施工图设计一等奖
3. 山东省广播电视中心：全国勘察设计行业优秀工程一等奖（2011）/ 第十五届北京市优秀工程设计一等奖（2011）/ 第六届中国威海国际建筑设计大奖赛优秀奖 / 中国建筑设计研究院优秀方案一等奖、施工图设计一等奖
4. 韩美林艺术博物馆：全国勘察设计行业优秀工程奖二等奖（2011）/ 第十四届北京市优秀工程设计评奖一等奖
5. 北京三眼井历史文化保护区保护修缮工程：第四届中国威海国际建筑设计大奖赛优秀奖 / 中国建筑设计研究院优秀方案一等奖
6. 奥林匹克公园多功能演播塔：全国优秀工程勘察设计铜奖（2008）

奥林匹克公园多功能演播塔

设计单位：中国建筑设计研究院有限公司
业主单位：奥林匹克

全国优秀工程勘察设计铜奖 (2008)

设计团队：崔恺、任祖华、傅晓铭、
张军英、康凯、周旭亮
项目地点：北京市
场地面积：6,270 ㎡
建筑面积：4,300 ㎡
设计时间：2007 年
竣工时间：2008 年

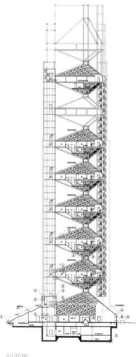

剖面图

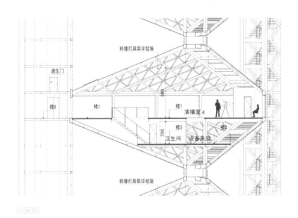

剖面图

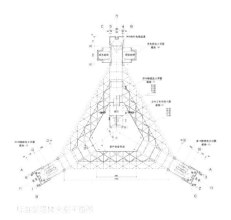

标准层演播室层平面图

多功能演播塔平面为等边三角形，三个角部既为垂直交通核，亦是巨型钢结构的一个钢框架支点。每个演播室单元又分两层，楼上为演播室，楼下为服务台，为半开敞空间，主要有空调、电气设备和整体组装的卫生间。

多功能演播塔的造型吸取了中国传统建筑文化中塔的元素，用钢结构和玻璃幕墙等现代技术抽象表达出塔玲珑剔透的特征，但并非刻意表现"中国塔"，更希望直接地表现结构的逻辑而适当地回避形式问题。玻璃幕墙的反射将产生更多的视觉变换，而夜景照明的控制性表现则是利用LED照明的产品特性为整个奥林匹克公园带来丰富多彩的夜景和标志性的灯光变化。富有传统精神又充满科技意味的造型让民族精神在新的世纪得以彰显。

山东省广播电视中心

设计单位：中国建筑设计研究院有限公司
业主单位：山东省广播电视局

全国勘察设计行业优秀工程一等奖（2011）
第十五届北京市优秀工程设计一等奖（2011）
第六届中国威海国际建筑设计大奖赛优秀奖
中国建筑设计研究院优秀方案一等奖、
施工图设计一等奖

设计团队：崔愷、李凌、任祖华、谢悦、
武志、李惠琴、陈文渊、宋国清、劳逸民、
杨宇飞、贾京花、张晔
项目地点：山东省济南市
场地面积：32,400 ㎡
建筑面积：144,000 ㎡
设计时间：2004—2005 年
竣工时间：2009 年

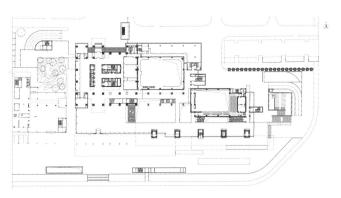

首层平面图

建筑造型体现了雄壮率真的山东地域特色。整栋建筑被抽象成几组巨大石块，横卧在基地上。它们或扎根于大地，如泰山般巍然耸立；或相互叠合，像采石场上堆积的石料般质朴雄壮。石块之间仅穿插以透明的玻璃，玻璃的轻薄使石块的形体感、重量感变得更为突出。主楼恰如石场层层排列的石块之形，似片片石层层叠落。

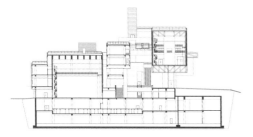

剖面图

建筑的室内室外采用整体化设计手法，室外的建筑体量直接贯入室内，使室内外空间浑然天成。同时在室内设计中适当地加入地方文化元素：印着山东的骄傲——王羲之书法的天书、刻着中国大汶口文化文字的铜门、截取了泰山经石峪的片断设计而成的室内瀑布，这些无不彰显着建筑的地域文化个性特色。

王 洋 1995 级

深圳市荟筑景观与建筑设计有限公司 创始合伙人、设计总监
中国国家注册城市规划师
园林景观专业高级工程师
美国景观设计师协会会员

2000 年毕业于天津大学建筑学院，获城市规划学士学位

2000—2011 年任职于 EDAW,AECOM
2011 年至今任职于深圳市荟筑景观与建筑设计有限公司

获奖项目
1. 东部华侨城天麓居住区：博鳌论坛中国房地产峰会"低碳地产"最佳人居奖（2010）/ 联合国友好理事会"全球人居环境奖"最佳社区奖 / 中国地产金砖奖评选委员会"中国地产金砖奖"最具价值奖
2. 星河雅宝：香港园境师学会"景观设计实践"优秀奖
3. 天津海河：美国水利部"卓越水岸设计"荣誉奖
4. 金鸡湖滨水开放空间：美国 KENNETH F.BROWN 亚太区"文化与建筑设计"二等奖 / 美国景观师协会
（ASLA）"最高荣誉奖"优秀奖

海上世界生态艺术廊

设计单位：深圳市荟筑景观与建筑设计有限公司、
深圳绿巨人环境科技有限公司
业主单位：招商地产

设计团队：王洋、高迪、洪彦、王中逸、
刘浩然、萧蕾、彭冉、周荃
项目地点：广东省深圳市
场地面积：4.3 hm²
设计时间：2014—2015 年
竣工时间：南段 2015 年 1 月，北段正在施工中

海上世界片区位于深圳西部，总占地约 38 公顷，背山面海，集商务办公、休闲娱乐、餐饮购物、酒店、度假、居住、文化艺术等功能于一体，是占地约 11 平方千米的蛇口的中心。1978 年作为改革开放的试点区域，蛇口开始建设，后经填海。2006 年进入新一轮的建设，拓展成为今天以明华轮为中心的海上世界片区。

项目场地曾是蛇口海岸线的片段，是在 1978 年起的蛇口开发建设中新开发的滨海住宅区与天然海岸线之间的绿化带。2014 年填海开发建设基本完成后，原来的海边休闲绿地成为城市道路旁无人进入的普通绿化带，滨海特有的景观风情一去不返。新的开发中，海上世界系列高端办公、公寓和文化艺术中心等得以落成为绿化带改造提供了机遇。

生态艺术廊的命名是对海上世界新规划理念的回应，也是对这条曾为 1978 年深圳蛇口海岸线上重要滨海休闲绿地的新愿景。为纪念已失去的滨海景观，生态艺术廊采用了海浪与淹没作为设计语言，围绕"光、风、水"，"愉、乐、活"主题演绎望海角、沙乐园和海平面等文化绿色节点，力图重新塑造一个能再次引入人流、延续集体记忆、开展城市休闲活动的城市休闲绿化带。

船前广场改造是在有限预算下，强化入口特征与趣味性的探索性
项目。通过改造，展现海上世界与明华轮的关系。海上世界作为
国际化社区的特质增加渗水面和互动趣味性。

招商局广场是蛇口的建筑制高点与地标，景观设计师与建筑师共同完成了空间布局的规划，创造了一个由全渗水地面组成的兼顾休闲、临时停车、地库采光等生态与使用功能的绿色内院和具有标志性的沿街景观面。

伍兹公寓的设计则强调与招商局广场的联系，塑造了归家的体验感和居住区内部空间的舒适感。

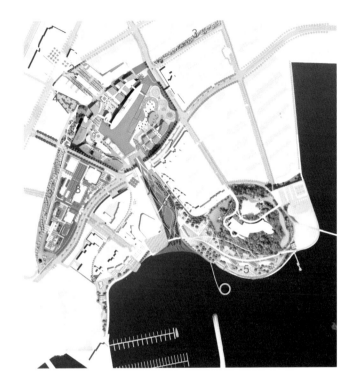

海上世界系列是自 2006 年以来对填海区域新建设部分及原有建设的提升、改造而设计的系列景观作品，参与设计的具体项目包括：

(1) 海上世界片区总体景观概念规划、城市设计、改造综合研究；

(2) 船前广场改造；

(3) 生态艺术廊；

(4) 生态停车场；

(5) 滨海长廊；

(6) 女娲公园；

(7) 望海路；

(8) 招商局广场与伍兹公寓 .

※ 其中 1,5,6,8 为作者服务于 EDAW，AECOM 期间的作品

王振飞 1996 级

华汇设计（北京）HHD_FUN 主持建筑师

2001 年毕业于天津大学建筑学院，获建筑学学士学位
2007 年毕业于荷兰贝尔拉格学院（Berlage Institute），获硕士学位

2001—2005 年任职于天津华汇建筑工程设计有限公司
2007—2008 年任职于荷兰 UNStudio
2009 年至今任职于华汇设计（北京）HHD_FUN

个人荣誉
中国新锐建筑创作奖 CA`ASI (2010)

获奖项目
2014 青岛世界园艺博览会地池综合服务中心：德国 ICONIC AWARD
（2015）/German Design Awar（2014）

王鹿鸣 1998 级

华汇设计（北京）HHD_FUN 主持建筑师

2003 年毕业于天津大学建筑学院，获建筑学学士学位
2007 年毕业于荷兰贝尔拉格学院（Berlage Institute），获硕士学位

2003—2005 年任职于天津华汇建筑工程设计有限公司
2007—2008 年任职于荷兰 UNStudio
2009 年至今任职于华汇设计（北京）HHD_FUN

个人荣誉
中国新锐建筑创作奖 CA`ASI (2010)

获奖项目
2014 青岛世界园艺博览会地池综合服务中心：德国 ICONIC
AWARD（2015）/ German Design Award（2014）

李宏宇 1999 级

华汇设计（北京）HHD_FUN 主持建筑师

2004 年毕业于天津大学建筑学院，获建筑学学士学位

2004—2010 年任职于天津华汇建筑工程设计有限公司
2010 年至今任职于华汇设计（北京）HHD_FUN

获奖项目
1. 中国银行天津分行：天津市优秀勘察设计一等奖
2. 天津市三十一中学：天津市优秀勘察设计一等奖 / 建设部优秀勘察设计二等奖
3. 天津市中营模范小学：天津市优秀勘察设计一等奖 / 建设部优秀勘察设计二等奖
4. 天津市工业大学图书馆：天津市优秀勘察设计一等奖
5. 天津市海河教育园区公共图书馆：天津市优秀勘察设计一等奖

2014 青岛世界园艺博览会地池综合服务中心

设计单位：华汇设计（北京）HHD_FUN、
青岛北洋建筑设计有限公司（合作）
业主单位：青岛世园（集团）有限公司

German Design Award（2014）
德国 ICONIC AWARD（2015）

设计团队：王振飞、王鹿鸣、李宏宇、汪琪、
潘浩、庞哲、王懿亮、周宁弈
项目地点：山东省青岛市
场地面积：37,900 ㎡
建筑面积：8,270 ㎡
设计时间：2011—2012 年
竣工时间：2014 年

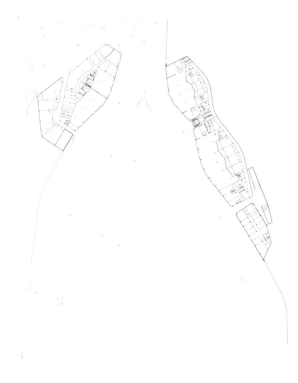

"天水"和"地池"是百果山上的两个原有湖泊，两个服务中心也因为分别坐落在这两个湖边而得名。服务中心作为园博会园区内的主要建筑，承担着人流集散、活动集聚、餐饮、休闲景观、文化传播、展示等多项功能。

地池服务中心以中央下沉广场与地池湿地连接，建筑及景观顺应地形设置不同标高，提供多方可达性的同时提供不同高度的观景体验，主要建筑空间低于周边路面标高，面向中央下沉广场，方便游客使用的同时可以获得最佳的亲水景观。

首层平面图

2014 青岛世界园艺博览会天水综合服务中心

设计单位：华汇设计（北京）HHD_FUN、
青岛北洋建筑设计有限公司（合作）
业主单位：青岛世园（集团）有限公司

设计团队：王振飞、王鹿鸣、李宏宇、
潘浩、王凝桂、汪琪、唐晓欢、苏冲
项目地点：山东省青岛市
场地面积：23,000 ㎡
建筑面积：6,539 ㎡
设计时间：2011—2012 年
竣工时间：2014 年

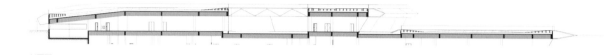

剖面图

天水服务中心顺应地形分为两层，二层屋顶与路面平齐，最大限度减小建筑体量感，让游客顺势走上屋顶平台欣赏自然景观。一、二层主要餐厅设置于面山、面湖方向，而超市、服务站等辅助功能位于屋顶平台下，便于到达。

在天水服务中心中，一个灵活可变的三岔节点系统被用来生成建筑的整体组织结构。这个三岔节点系统由三根直线和节点处的三角形组成，三角形由三根直线的方向及三角形内切圆半径控制，以满足不同的功能要求，比如小三角形对应交通型（通过型）节点，大三角形对应活动型（广场型）节点等等。而三条直线灵活的方向性可以在设计发展的过程中很好地适应复杂的地形，并提供多方向的可达性。同时通过多个节点系统的组合，可以形成开放路径和封闭路径，封闭路径形成环路，中间围合成的多边形区域可形成建筑功能性区域或主要景观广场等。

考虑到游客行为的多样性，设计师设置了一系列的多用途空间，各种不同尺度的台阶空间以及不同类型的屋顶平台空间。这些场所可以根据不同的需要，提供不同的用途，如舞台空间可以进行表演，又可作为观景、聚集的场所，尺度不同的台阶可以同时提供行走、坐卧等多种功能。多路径系统及多功能空间体系也将服务中心区域各部分功能环境景观连成一体，形成一个完整的公园系统，这时建筑本身的功能已经不再重要，取而代之的是环境的再造以及和自然的融合。

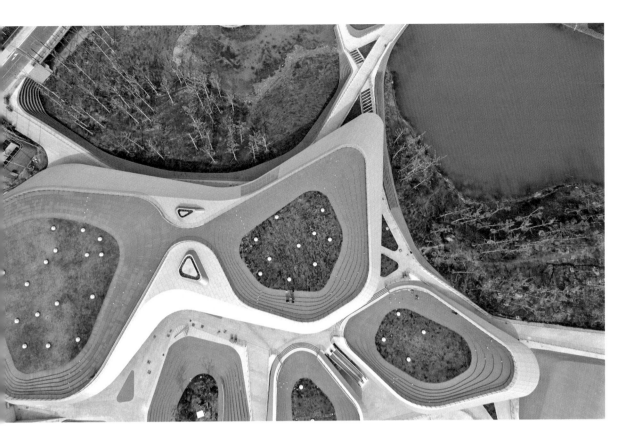

郑 宁 1996 级

华东建筑设计研究院有限公司 历史建筑保护设计院建筑所副所长
国家一级注册建筑师
高级工程师

2001 年毕业于天津大学建筑学院，获建筑学学士学位
2004 年毕业于天津大学建筑学院，获建筑学硕士学位
2007 年毕业于天津大学建筑学院，获工学博士学位

2007 年至今任职于华东建筑设计研究院有限公司

代表项目
上海科学会堂 1 号楼保护利用工程 / 汉口花旗银行大楼保护利用
工程 / 绍兴路 9 号上海昆剧团保护利用工程 / 上海益丰大厦老楼保
护修缮复原工程

获奖项目
上海科学会堂 1 号楼保护利用工程：上海市优秀勘察设计项目优
秀历史建筑保护利用项目类一等奖（2015）

湖北省文物保护单位
汉口花旗银行大楼保护利用工程

设计单位：上海现代建筑设计（集团）有限公司、
　　　　　武汉设计院（合作）、JWDA（合作）
业主单位：中国工商银行股份有限公司湖北省分行

设计团队：盛昭俊、唐玉恩、张皆正、陈民生、
　　　　　郑宁、项菁
项目地点：湖北省武汉市
场地面积：1,928 ㎡
建筑面积：5,500 ㎡
设计时间：2010 年
竣工时间：2013 年

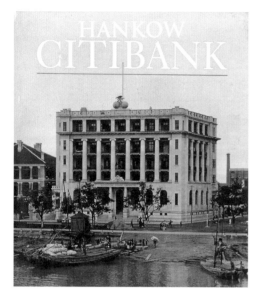

老照片

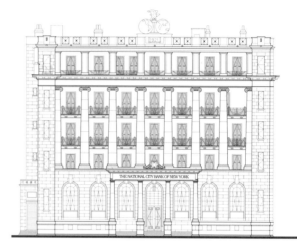

东立面保护修缮图

汉口花旗银行大楼为带有横三段式构图的古典主义建筑，是汉口近代金融建筑的代表之一。至本次修缮前，大楼处于空置状态，整体风貌基本保存完好，局部破损和搭建严重。室内格局有不同程度的改建痕迹，但特色装饰基本为历史原物。

通过整体保护大楼风貌，外立面、天井立面、屋面、室内底层大堂等重点保护区域及楼内所有特色装饰原物，对楼内所有水、风、电设备设施进行整体更新，并尽量利用原有管路；对大楼主体进行整体结构加固；参照历史样式复原辅楼西立面和天井立面，并原样复原室内部分缺损的特色装饰。

在大楼西院内，扩建地下室，所有的核心机房与设备用房均安放于此，并增设机械式停车楼等不同干预程度措施进行保护利用。

保护利用设计采用历史外表和现代内核相结合的方式——既完整保持外观风貌和室内原有特色装饰的原汁原味，又整体提升大楼的性能与品质。设计兼顾并集中展示了建筑遗产的历史风貌与业主的企业文化特色，使建筑遗产能够"延年益寿"，并长久地融入社会生活之中。

张 一 1996 级

天津华汇工程建筑设计有限公司 副总建筑师、常务副总经理

2001 年毕业于天津大学建筑学院，获建筑学学士学位
2005 年毕业于德国达姆施塔特科学技术大学，获工学硕士学位

2005 年至今任职于天津华汇工程建筑设计有限公司

代表项目
中国人民解放军总医院新建门诊楼 / 香港新世界廊坊周各庄城市综合体 / 渤海银行后台服务中心 / 天津滨海新区于家堡金融区英蓝国际大厦（300 米）、华夏中心（245 米）、力勤大厦（180 米）/ 东莞万科棠樾居住区、商业中心

获奖项目
1. 东莞万科棠樾居住区：亚洲建筑协会金奖（2014）/ 中国建筑学会建筑创作奖居住建筑类金奖（2014）
2. 东莞万科棠樾商业中心：中国建筑学会建筑创作奖公共建筑银奖（2014）
3. 渤海银行后台服务中心：天津市"海河杯"优秀勘察设计二等奖（2014）

中国人民解放军总医院
（北京 301）新建门诊楼

设计单位：天津华汇工程建筑设计有限公司
业主单位：中国人民解放军总医院

设计团队：周恺、张一、吴岳、陈雍、滕云龙、
张娜、钱烁、安喆、何东辉、汪寅光
项目地点：北京市
场地面积：45,502 ㎡
建筑面积：310,000 ㎡
设计时间：2011 年
竣工时间：2014 年

2011 年在周恺大师带领下本项目于 156 个竞赛方案中脱颖而出，中标实施。
项目地处北京西长安街与西四环交口 301 东院北端，地下 6 层，地上 15 层，
总规模达 46 万平方米，一期实施 31 万平方米。设计涵盖建筑、精装修、景观、
标识、智能化、幕墙、外景照明、外管网综合等，并首次在超大规模复杂建筑
中全程进行 BIM 三维复核，实现了从挖土动工到落成使用仅用时两年零六个月
的"新 301 速度"。

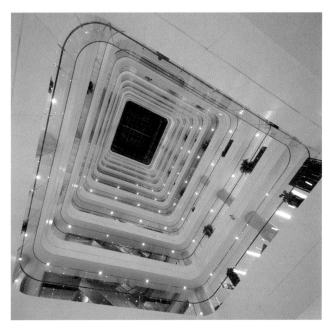

香港新世界廊坊周各庄城市综合体

设计单位：天津华汇工程建筑设计有限公司
业主单位：新世界中国地产有限公司

设计团队：张一、高岩、滕云龙、
王振飞、李峥、张娜、田源
项目地点：河北省廊坊市
场地面积：95,597 ㎡
建筑面积：429,200 ㎡
设计时间：2010 年
竣工时间：2015 年
摄影：岳意贺

项目占据了廊坊最核心地段路口四个地块中的三个，是一个功能涵盖五星级酒店、大型商业、娱乐院线、办公、公寓、居住的超大型城市综合体。作为一个城市更新型项目，比功能复合更棘手的是规划上的限制，如何在紧邻地块现有住区和安置用房近乎苛刻的日照要求以及规划限高下完成给定的容积率，创造出有特色的建筑和空间效果是不小的挑战。本项目也是截至现在香港新世界集团在大陆将近四十个酒店项目中唯一一个全程由国内设计单位完成的作品。

郭勇宽 1997 级

天津华汇工程建筑设计有限公司 主任建筑师
天津市评标专家库专家

2002 年毕业于天津大学建筑学院，获建筑学学士学位

2002—2008 年任职于天津华汇工程建筑设计有限公司
2008—2012 年任职于天津市市政工程设计研究院
2012—2014 年任职于中铁现代勘察设计院
2014 年至今任职于天津华汇工程建筑设计有限公司

代表项目
天津市中医药研究院附属医院改扩建工程
天津市教育招生考试院办公楼

天津市中医药研究院附属医院

设计单位：天津华汇工程建筑设计有限公司
业主单位：天津市中医药研究院

方案设计：郭勇宽
方案指导：周恺
建筑：章宁　刘伟
项目地点：天津市
场地面积：18,000 ㎡
建筑面积：56,000 ㎡
设计时间：2005—2006 年
竣工时间：2008 年

建筑设计运用中式建筑的语言元素，表现中医药研究院的性格特征，同时也结合平面布局和功能特点，加入了现代建筑简洁、流畅的处理手法，质朴真诚。建筑从空间体量上把握总体形象，临街侧布置四层裙房，减少了高层主体对城市空间的压迫感，又通过裙房、中部连接厅过渡到高层主体，加上内外庭院空间，使建筑高低起伏，层次叠出。顶部利用结构梁柱作"大屋顶"的造型强化中式建筑的象征意义。

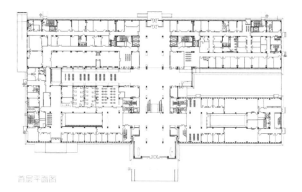

首层平面图

萨 枫 1997 级

浙江蓝城建筑设计有限公司 总经理、总建筑师、创始合伙人
国家注册一级建筑师
高级工程师

2002 年毕业于天津大学建筑学院，获建筑学学士学位

2004—2014 年任职于浙江绿城建筑设计有限公司
2014 年至今任职于浙江蓝城建筑设计有限公司

代表项目

绿城青山湖玫瑰园 / 九溪玫瑰园度假酒店 / 杭州天怡山庄 / 温州鹿城广场一、二期 / 杭州西溪诚园 B-10 地块 / 海南陵水清水湾新月 / 墅海澄墅区块 / 海南陵水清水湾隐庐 / 海南陵水清水湾澄庐 / 舟山朱家尖度假村一期 / 海南高福小镇度假别墅 + 度假公寓 / 蓝城安吉农庄 / 蓝城白沙湾度假别墅 / 郑州经开区滨水幸福家园 / 郑州和谐置业金沙湖二期南区合院

获奖项目

1. 温州鹿城广场一、二期：广厦奖一等奖（2014）
2. 朱家尖东沙度假村：浙江省建设工程"钱江杯"优秀勘察设计一等奖（2014）
3. 温州鹿城广场一期：浙江省建设工程"钱江杯"优秀勘察设计二等奖（2012）/ 杭州市建设工程"西湖杯"优秀勘察设计一等奖（2013）
4. 杭州西溪诚园：杭州市建设工程"西湖杯"优秀勘察设计一等奖（2013）

海南蓝湾小镇澄庐海景别墅

设计单位：浙江绿城建筑设计有限公司
业主单位：海南高地投资有限公司

设计团队：萨枫、张微、康健、赵玥
项目地点：海南省陵水县
场地面积：40,575 ㎡
建筑面积：10,800 ㎡
设计时间：2012 年
竣工时间：2014 年

总平面图

别墅建筑形式通透，灰空间模糊了建筑、室内和景观、幕墙设计的边界。设计师以"空间体验"为切入点，通过建筑构件限定、组织空间序列、场景收放、动静区域分离以及建筑材料的使用和对比，营造丰富的空间体验，形成具有现代特质，又能为特定人群所接受的生活场所。

底层平面图 1

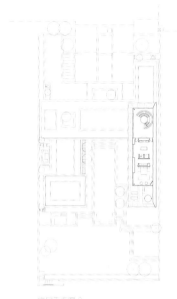

底层平面图 2

杭州西溪诚园

设计单位：浙江绿城建筑设计有限公司
业主单位：绿城集团

杭州市建设工程"西湖杯"优秀勘察设计一等奖（2013）

设计团队：萨枫、杨明、吴寿清
项目地点：浙江省杭州市
场地面积：44,664 ㎡
建筑面积：131,976 ㎡
设计时间：2008 年
竣工时间：2012 年

在建筑主体的规划网络中，设计加入了一个近人尺度的次级布局网络，由会所、下沉庭院（以泳池为中心的休憩空间）架空层、连廊等建筑空间构成一个连续的整体，并与景观设计相关联，正是这个网络缓和了人与高层建筑之间在尺度对比上的紧张关系，统一了整个园区的布局，凸显园区生活的空间层次与生活方式的丰富性。

朱家尖东沙度假村

设计单位：浙江绿城建筑设计有限公司
业主单位：绿城集团

浙江省建设工程"钱江杯"优秀勘察设计一等奖（2014）

设计团队：萨枫、黄结友
项目地点：浙江省舟山市
场地面积：9,030 ㎡
建筑面积：6,321 ㎡
设计时间：2011 年
竣工时间：2013 年

立面设计在经典细节中融入民国时期装饰艺术风格，传统气息浓厚的木质门窗通过流畅平滑的线条装饰，凸显其品质和价值。中西方古典建筑的精神在设计中交流碰撞、完美契合。

韦志远 1997 级

深圳市方标世纪建筑设计有限公司 总经理、主创设计师
北洋智慧设计发展（深圳）有限公司 常务副总经理、首席建筑设计师
天津大学建筑学院深圳校友会副秘书长

2002 年毕业于天津大学建筑学院，获建筑学学士学位
2005 年毕业于天津大学建筑学院，获建筑学硕士学位

2005—2009 年任职于深圳华汇设计有限公司
2009 年至今任职于深圳市方标世纪建筑设计有限公司

个人荣誉
OTIS 世界大学生建筑设计金奖（2001）

代表项目
天津万科民和巷 / 天津生态城红橡公园 / 湖北孝感湾流汇 /
中山万科柏悦湾 / 深圳方标办公室室内设计

获奖项目
中山万科柏悦湾：美居奖（2014）

深圳方标办公室室内设计

设计单位：深圳市方标世纪建筑设计有限公司
业主单位：深圳市方标世纪建筑设计有限公司

设计团队：韦志远、李想、张旭
项目地点：广东省深圳市
场地面积：105 ㎡
建筑面积：168 ㎡
设计时间：2013 年
竣工时间：2013 年

设计撷取中国传统文化中的院落空间情结，结合现代建筑装饰风格
的简约、明快，让人们在快节奏的生活中感受到了古典的建筑关怀。

办公室围绕中心庭院展开，一层为树下空间，办公活动部分在白色穿孔板后展开，中间为庭院，通过植物、楼梯等将空间延续到二层，穿孔板后为会议室、打印室、办公区等功能空间。

办公室分为三个层次：以白色的顶板、扶手为主色调的第一层次；以灰色水泥为材料的墙、地面为第二层次；在黑白两色的基调下，入口处及庭院一角，加入点缀性的木色盒子，分别以内部和外部的形态展开，组成丰富的室内环境。

天津万科民和巷

设计单位：深圳市方标世纪建筑设计有限公司
业主单位：万科地产

设计团队：韦志远、朱涛、程辉、谭湛泉
项目地点：天津市
场地面积：258,447 ㎡
建筑面积：540,000 ㎡
设计时间：2013—2015 年
销售处竣工时间：2014 年

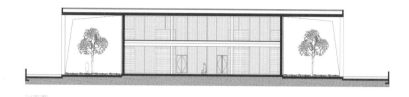

剖面图

十字母题隐喻于看似必然的布局当中，项目整体建造了一个城市背景般的建筑群，引领其内部架构的十字轴体系树状展开，渗透联系各个组团与建筑演变、幻化，使空间与建筑交织成为展现的主角。

杨 洋 1997 级

香港华艺设计顾问（深圳）有限公司 副总建筑师
问创社 发起人、总策划
国家一级注册建筑师

2002 年毕业于天津大学建筑学院，获建筑学学士学位
2005 年毕业于天津大学建筑学院，获建筑学硕士学位

2005 年至今任职于香港华艺设计顾问（深圳）有限公司

个人荣誉
深圳市勘察设计行业十佳青年建筑师
深圳土木建筑协会科技创新标兵
深圳年度创意人物提名

深圳大学南校区基础实验室一期

设计单位：香港华艺设计顾问（深圳）有限公司
业主单位：深圳大学

设计团队：杨洋、王欣、李博、林波
项目地点：广东省深圳市
场地面积：17,221 ㎡
建筑面积：57,000 ㎡
设计时间：2007 年
竣工时间：2014 年

深圳大学南校区基础实验室二期

设计单位：香港华艺设计顾问（深圳）有限公司
业主单位：深圳大学

设计团队：杨洋、王欣、李博
项目地点：广东省深圳市
场地面积：17,253 ㎡
建筑面积：47,000 ㎡
设计时间：2006 年
竣工时间：2010 年

这种周边布局的模式延续了校园沿景观轴线围合的建筑群体体量，建筑所围合的院落向不利朝向封闭，向主要人流经过的景观朝向开敞。院落的进深足够大，景深感佳，开敞通畅，建筑外部空间起合抑扬，变化丰富。将景观延伸进入建筑组团内部，不仅丰富了建筑组团内部的视觉空间，也使校园的景观主轴得到延展从而更加完整。每幢建筑都将获得最大的景观展开面，具有良好的景观及通风效果。针对校园建筑的人流分布特点，创新性地在三层的高度上设置架空层，把高层分解为多层，缓解学生交通压力的同时，创造出轻松丰富的交流空间。人行走于架空层上，标高在下降，湖面在接近，风景在改变。

陈 钊 1997 级

天津源创联合建筑设计有限公司 总经理、总建筑师
天津城市规划学会理事
中国建筑师学会会员
国家一级注册建筑师
高级建筑师

2000 年毕业于天津大学建筑学院，获建筑学硕士学位

1994—1997 年任职于天津市建筑设计院
2000—2001 年任职于上海华东建筑设计院有限公司
2001 年赴美学习
2001—2004 年任职于天津市建筑设计院
2004 年至今任职于天津源创联合建筑设计有限公司

获奖项目

1. 大连北海阳光：国际竞赛一等奖
2. 上海大学体育中心：建设部优秀设计一等奖
3. 天津市滨海中小学：建设部优秀设计二等奖
4. 天津滨海新区城市建设规划展览馆：天津市优秀设计
二等奖
5. 京蓟高速公路沿线公建：天津市"海河杯"优秀项目、
交通部优秀设计一等奖
6. 天津津河一号住宅小区：国家优秀规划景观奖
7. 睦南道 52 号风貌建筑：天津市"海河杯"优秀项目

天津市睦南道 52 号风貌建筑

设计单位：天津源创联合建筑设计有限公司
业主单位：天津市大众集团房地产开发有限公司

天津市"海河杯"优秀项目

设计团队：陈钊、王静昉、王连文、王振刚、
叶萍、刘俊英、魏文才、杜博陵
项目地点：天津市
场地面积：2,249 ㎡
建筑面积：2,323 ㎡
设计时间：2010 年
竣工时间：2011 年

基地内为原建于 20 世纪初的历史建筑，设计本着城市街区复兴的最少干预原则，造型设计中遵循原建筑风格，在满足新功能特点的基础上，延续历史文脉；立面采用与原建筑一致的色彩和材料做法，形式、材料、构件比例与原建筑风格一致。

张家港软件园区公共服务中心

设计单位：天津源创联合建筑设计有限公司
业主单位：张家港开发区建设局

设计团队：陈钊、王静昉、王连文、王振刚、
叶萍、刘俊英、魏文才、杜博陵
项目地点：江苏省张家港市
场地面积：7,350 ㎡
建筑面积：11,805 ㎡
设计时间：2010 年
竣工时间：2012 年

沿街立面图

李 峥 1998 级

天津华汇工程建筑设计有限公司 主持建筑师
国家一级注册建筑师
高级建筑师

2003 年毕业于天津大学建筑学院，获建筑学学士学位
2006 年毕业于天津大学建筑学院，获建筑学硕士学位

2006 年至今任职于天津华汇工程建筑设计有限公司

代表项目
天津怡乐休闲广场
天津蓟县天一绿海东方之珠酒店
东莞石排丽嘉花园凯悦酒店
河北大城红木文化园
厦门佰翔家文化艺术酒店

获奖项目
1. 渤海银行后台服务中心：天津市"海河杯"优秀勘
察设计评选建筑工程二等奖（2014）
2. 天津海河教育园区中德职业技术学院公共教学楼、
体育馆：天津市"海河杯"优秀勘察设计评选建筑工
程特别奖（2012）

渤海银行后台服务中心

设计单位：天津华汇工程建筑设计有限公司
业主单位：渤海银行股份有限公司

天津市"海河杯"优秀勘察设计评选建筑工程二等奖（2014）

设计团队：李峥、张一、吴岳、巨江涛、
贾隽、魏平、邵海、王裕华
项目地点：天津市
场地面积：24,000 ㎡
建筑面积：63,880 ㎡
设计时间：2010 年
竣工时间：2013 年

渤海银行后台服务中心主要包含数据中心、客服中心、营运中心、
档案中心四大主要功能，四个主要功能既要求各自独立又要能相互
联系。因此，方案结合地形将几部分功能以线性围合的方式结合在
一起，同时用一条位于二层的纵向连廊将这几部分有机连接起来，
从而满足各分中心既独立又相互联系的功能需求。而贯穿中心庭院
的连廊则成为员工们日常交流、休息、聚会的场所。

摄影：张广源

王可尧 1998 级

中国建筑设计研究院有限公司本土设计中心 第一设计室主任建筑师

2003 年毕业于天津大学建筑学院，获建筑学学士学位
2006 年毕业于天津大学建筑学院，获建筑学硕士学位

2006—2014 年就职于中国建筑设计研究院崔愷建筑设计工作室
2014 年至今任职于中国建筑设计研究院有限公司本土设计中心

代表项目
南京艺术学院艺术车间
重庆万州三峡移民纪念馆
西安大华纱厂厂房及生产辅房改造
西安"西城往事"三桥老街项目

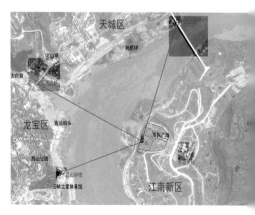

基地分析图

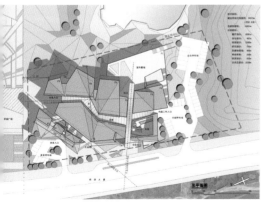

平面图

重庆万州三峡移民纪念馆

设计单位：中国建筑设计研究院有限公司
业主单位：重庆市万州江南新区开发建设有限公司

设计团队：崔愷、张男、王可尧、朱巍、
刘恒、叶水清、赵乐、董元铮、Galdric
项目地点：重庆市
场地面积：20,481 ㎡
建筑面积：14,958 ㎡
设计时间：2008—2009 年
竣工时间：2013 年

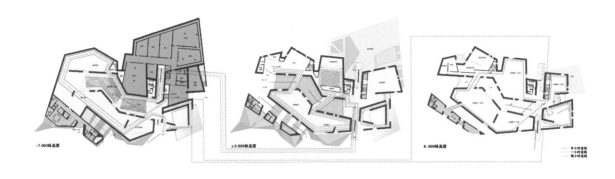

展厅参观流线 1 的叙事设定与表达

纪念馆作为行政文化中心区第一座文化建筑，其形态既要有相应的标识性，又应该与周边的自然环境相协调。由于场地位于长江岸边，依山面水，与江对岸老城之间有相互观景的良好条件，位置醒目。纪念馆强调有机地融入江畔特有的地形地貌，通过与山形地势的结合，一方面增加建筑的气势，突出纪念性，另一方面也借此达到与周围环境的协调。

三峡移民纪念馆展示的内容具有纪实性、叙事性的特点，目的是向公众展示三峡迁移的过程、历史、事件和三峡移民的故事、记忆以及移民精神。在满足日常布展的同时，纪念馆的公共空间与各个展厅被组织成为一个具有完整内容的展示空间，通过展现连续、进展、时空的断续与历史、自然的远近关系，使之成为人们获得身临其境般体验的场所。通过展示空间突出三峡自然景观以及三峡迁移这一壮阔事件给人们的多重印象和感受，并用这样的方式表达出纪念馆所蕴含的纪念性。

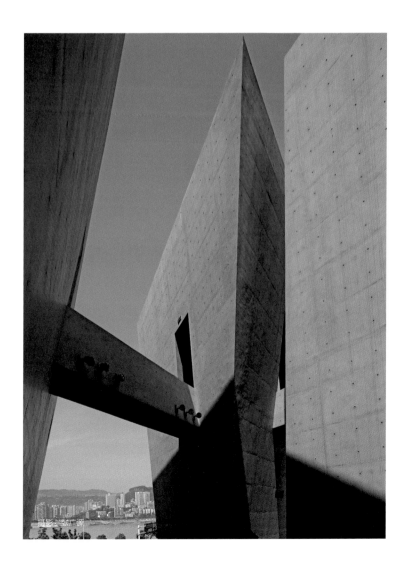

摄影：张广源

西安大华纱厂厂房及生产辅房改造

设计单位：中国建筑设计研究院有限公司
业主单位：西安曲江城墙景区开发建设有限公司

设计团队：崔愷、王可尧、张汝冰、刘洋、
高凡、曹洋、冯君、Aurelien Chen
项目地点：陕西省西安市
场地面积：84,734 ㎡
建筑面积：89,050 ㎡
设计时间：2011 年
竣工时间：2013 年

区位图

总平面图

摄影：张广源

大华'1935

2008年企业改制，整组为西安大华。 2011年大华整

摄影：张广源

摄影：冯君

大华纱厂生产厂区南侧的 20 世纪 30 年代单层建筑，多以院落空间组织在一起，尺度亲切，空间舒适。针对这一区域的改造，主要采用谨慎的加法策略，即以对原有建筑的清理和修缮为主，适当增加少量的新建筑、连廊、小品及构筑物，进一步提高其空间质量，并将该区域梳理成适合人们徜徉其中的、具有历史感的步行街区。生产厂区北侧的生产厂房，尺度较大，建筑密度较高。针对这一区域的改造，主要采用积极的减法策略，即结合商业街区所需的空间和尺度要求，根据需要拆掉一部分生产辅房，形成更新或者更宽的街道，同时适当调整原有建筑格局，打开部分结构，以形成新的内部街道和具有城市特征的公共空间节点。通过以上两种不同策略的结合使用，使整个生产厂区内生成新的具有多重路径和多元空间的主体组织结构。

设计中充分考虑改造的经济性和使用的合理性，在尽量保持厂区建筑的空间特点和历史面貌的基础上，对保留建筑进行改造与加固，使其能够满足新的使用功能，并体现出空间的丰富性和多样性。

摄影：张广源

摄影：张广源

徐 强 1998 级

天津天华建筑设计有限公司 副总建筑师

2003 年毕业于天津大学建筑学院，获建筑学学士学位
2006 年毕业于天津大学建筑学院，获建筑学硕士学位

2006—2014 年任职于天津华汇工程建筑设计有限公司
2014 年至今任职于天津天华建筑设计有限公司

代表项目
宁波航运中心
天津工业大学新校区
天津北塘海泰产业园区

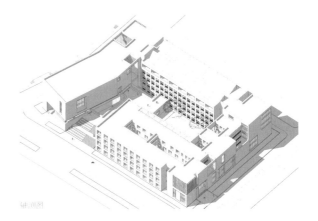

鸟瞰图

天津工业大学艺术学院

设计单位：天津华汇工程建筑设计有限公司
业主单位：天津工业大学

设计团队：徐强、常猛、聂寅
项目地点：天津市
场地面积：15,500 ㎡
建筑面积：22,600 ㎡
设计时间：2009—2010 年
竣工时间：2012 年

剖透视图

整体布局围合出一个内向庭院，同时用一个室外大台阶通向二层的 T 台表演大厅，在三层的局部围合出大大小小不同的空中庭院，通过底层的架空柱廊，面向内部庭院的屋顶退台构建了怡人的室外空间，同时营造出一种浓浓的书院氛围，使整个艺术学院成为一个空间丰富的学习、交流、展览的场所。

建筑的立面造型，强调的是顺理成章，一气呵成，既体现不同建筑功能特性，又整体有序。设计语言现代、简明、有力、干净利落，在简约的氛围中，不失与环境的契合。项目强调细部设计及材料的运用，创造既有传统韵味又具有鲜明时代特征的校园形象。建筑材料选择砖作为主要的外檐材料，随着时间的推移，加强了建筑的历史感。

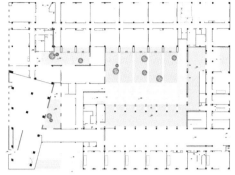

首层平面图

石 锴 1999 级

天津市建筑设计院 设计五所所长

2004 年毕业于天津大学建筑学院，获建筑学学士学位

2004 年至今任职于天津市建筑设计院

获奖项目
1. 天津高新区国家软件及服务外包基地：全国优秀勘察设计行业奖二等奖 / 天津市优秀勘察设计二等奖
2. 天津港企业文化中心：全国优秀勘察设计行业奖三等奖（2011）/ 第六届中国建筑学会建筑创作奖佳作奖 / 天津市优秀勘察设计一等奖（2010）
3. 天津津湾广场：全国优秀勘察设计行业奖三等奖
4. 中船重工第 707 研究所：天津市建筑设计院优秀设计一等奖（2010）

707 所导航综合楼

设计单位：天津市建筑设计院
业主单位：中船重工集团第 707 研究所

天津市建筑设计院优秀设计一等奖 (2010)

设计团队：石锴、李仲成、张绍蓓、刘渊海
项目地点：天津市
场地面积：19,200 ㎡
建筑面积：40,488 ㎡
设计时间：2010—2012 年
竣工时间：2014 年

建筑的整体布局基于对场地内现有植被、道路体系和园区内人员的活动习性为出发点。

(1) 围合式布局，以保留现有基地内树木。
(2) 建筑由院内至外逐渐升起的体量，减少园区内的压迫感，也以多层次的屋顶绿化丰富了室外空间。
(3) 整的北侧界面，形成一种天然屏障。首两层掏出一个约 30 米跨度的开敞空间，保证了园区内
原有的道路体系。

天津港企业文化中心

设计单位：天津市建筑设计院
业主单位：天津港集团

天津市优秀勘察设计一等奖 (2010)
全国优秀勘察设计行业奖三等奖 (2011)
第六届中国建筑学会建筑创作奖佳作奖

设计团队：石锴、孙银、赵敏、毛俊
项目地点：天津市
场地面积：28,600 ㎡
建筑面积：25,980 ㎡
设计时间：2006—2007 年
竣工时间：2009 年

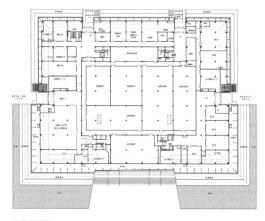

首层平面图

作为中国最大的人工港口，天津港的发展离不开填海造地、依海建港。文化中心首先在建筑体形和构成上力图直接表达出这种意境：建筑首层为一个高 4 米的台形基座，基座表面由水体覆盖，水台之上四个仿佛巨石一样的体块凌空挑出，最远处悬挑距离达到了 7.5 米，营造了一种石块漂浮于水上的感觉。

同时作为有别于其他博物馆的一座企业性展览馆，应该适当突破它的封闭性和内向性，表现出一种更加外向、开放的态度，更主动和积极地展示企业文化和精神。在保证建筑体量完整的前提下，采用镶嵌的手法，适当地布置了一些外凸的玻璃盒，寓意展示的窗口。出挑的玻璃体和悬挑的实体形成了一种强烈的对比和反差，也更好地表达了企业的一种开放和透明。

赵劲松 1999 级

天津大学建筑学院 副教授、硕士生导师
中国建筑学会会员
世界华人建筑师协会创会会员

2001 年毕业于天津大学建筑学院，获建筑学硕士学位
2005 年毕业于天津大学建筑学院，获建筑学博士学位

1991—1993 年任职于太原市城市规划设计研究院
1993—2001 年任职于王孝雄建筑设计事务所
2005 年至今任职于天津大学建筑学院

个人荣誉
中国建筑学会 " 中国青年建筑师奖 "（2006）

获奖项目
1. 天津蓟州体育馆：天津市 "海河杯" 优秀工程勘察
设计二等奖（2015）
2. 铁岭师范学院：教育部优秀建筑工程设计三等奖
（2013）
3. 曹妃甸论坛会址：第五届中国设计博览会建筑设计
大赛银奖（2010）
4. 晋城市图书馆："为中国而设计" 全国环境艺术大赛
优秀奖（2006）/中国国际典范建筑大赛三等奖（2004）
5. 天津市地铁李明庄站：第三届中国威海国际建筑设
计大奖赛优秀奖（2006）
6. 常州林与城售楼处：第三届中国威海国际建筑设计
大奖赛优秀奖（2006）
7. 北京国永融通研发中心：第二届中国威海国际建筑
设计大奖赛银奖（2005）/第九届机械工业优秀工程设
计二等奖（2005）
8. 无为：中国青年建筑师奖全国建筑设计竞赛佳作奖
（2003）

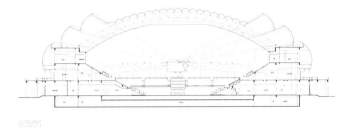

天津蓟州体育馆

设计单位：天津大学建筑设计规划研究总院
业主单位：天津市蓟县政府

天津市"海河杯"优秀工程勘察设计二等奖（2015）

设计团队
方案设计：赵劲松；技术顾问：吴放、蔡节；
工程主持人：刘航；项目负责人：洪再生；
建筑专业：王晓林、房晶辉、葛朝晖
项目地点：天津市
场地面积：59,879 ㎡
建筑面积：13,028 ㎡
设计时间：2008 年
竣工时间：2013 年

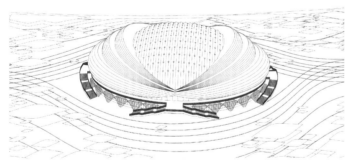

鸟瞰图

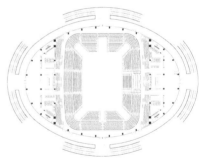

二层平面图

设计取杜甫"水流云在"的诗意。在一切都快速奔跑的城市中，它静静地矗立，轻轻地漂浮，像水中的睡莲，像空中的云朵，平静、轻盈。建筑如云，景观如水，建筑与景观的邂逅，犹如一次云与水的对话，在对话中共同构建一个了悟生机的禅境。

刘 明 2000 级

而立派 创始人

2005 年毕业于天津大学建筑学院，获建筑学学士学位

2005—2008 年任职于香港华艺设计（深圳）有限公司
2008—2010 年任职于深圳都市实践建筑设计有限公司
2010—2012 年任职于深圳市立方建筑设计有限公司
2012—2014 年任职于深圳天安数码城集团有限公司
2015 年作为创始人成立而立派

代表项目
广州番禺节能科技园 C04 地块总部楼
杭州富春硅谷会客厅
深圳天安数码城集团展示中心

广州番禺节能科技园
C04 总部楼

设计单位：深圳天安数码城集团设计中心
业主单位：广州番禺节能科技园有限公司

设计团队：刘明、陈晨、吴倩宇
项目地点：广东省广州市
场地面积：11,000 ㎡
建筑面积：12,000 ㎡
设计时间：2012 年
竣工时间：2013 年

杭州富春硅谷销售展示中心

设计单位：而立派
业主单位：杭州富春硅谷投资有限公司

设计团队：刘明、陈晨、叶孜力
项目地点：浙江省杭州市
场地面积：4 000 ㎡
建筑面积：1 774 ㎡
设计时间：2012 年
建成时间：2015 年

建筑位于整个杭州富春硅谷产业园区南侧主要市政道路旁，为产业园区南侧沿街商业中的一栋建筑，其功能为富春硅谷的销售展示中心。产业地产的销售模式与传统房地产的销售有所不同，而本建筑主要的参观者也有其特殊的构成——以企业主或企业高管为主，他们在参观时需要更多的文化展示空间。项目名为销售展示中心，但其功能以展示为主，销售为辅。从这点来看，建筑更像是整个企业园区的文化展示窗口，功能上更接近于展览馆和画廊。

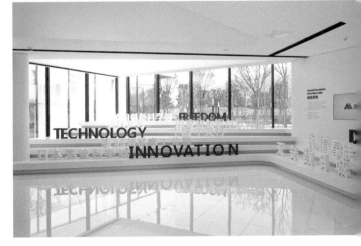

深圳天安数码城集团展示中心

设计单位：深圳天安数码城集团设计中心
业主单位：深圳天安数码城集团

设计团队：刘明、陈晨
项目地点：广东省深圳市
场地面积：400 ㎡
建筑面积：300 ㎡
设计时间：2012 年
竣工时间：2012 年

室内巧妙地设置了几个"盒子"，并且设置了参观流线，拓展了室内的空间感知效果，同时把原有的两根钢柱给包了起来。保留了原有的天窗，增加了白色格栅，很好地控制了光线进入室内的质量。南侧的实墙变成落地玻璃，使庭院景观延续至室内。将每一个项目的高清地图以同样比例打印成地毯，并进行拼接，提高了室内展示效率。

阎 明 2000 级

天津大学建筑设计规划研究总院 设计二所方案组组长

2005 年毕业于天津大学建筑学院，获建筑学学士学位

2007 年至今任职于天津大学建筑设计规划研究总院

代表项目
华北理工大学迁安校区（合作）
济宁孔子学校

获奖项目
1. 河大大厦（合作）：天津市海河杯优秀设计三等奖（2014）
2. 信阳师范学院社科楼（合作）：教育部优秀设计三等奖（2013）

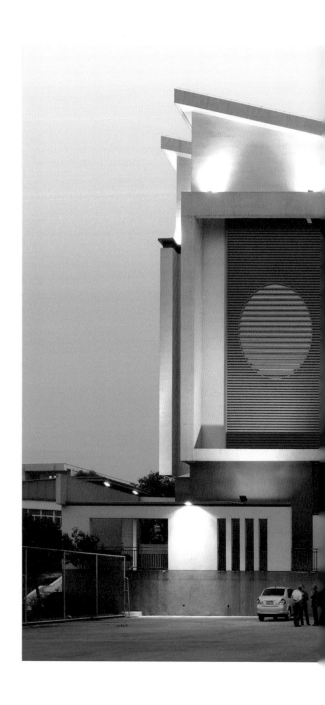

信阳师范学院社科楼

设计单位：天津大学建筑设计规划研究总院
业主单位：信阳师范学院

教育部优秀设计三等奖（2013）

设计团队：吕大力、阎明、牛青、
李杜、郭红云、窦玉斌
项目地点：河南省信阳市
场地面积：5,000 ㎡
建筑面积：11,060 ㎡
设计时间：2009 年
竣工时间：2011 年

首层平面图

项目设计针对较低造价最大限度发挥空间优势，营造独具韵味的建筑空间与造型。面对方形地块，建筑规模要最大化，并实现建筑布局合理化。本建筑的设计使用人数多达 3,230 人，面对出入口与安全集散组织的大难题，在建筑的前面不可能布置集散广场的局面下，设计巧妙地把主入口内退，直至形成过街楼式的户外"门厅"。为避免西南侧运动球场活动的喧闹对教学楼产生噪声干扰，平面设计有意将教室布置在北侧，无形之中还可安静地享用文科楼南侧的庭园美景，内走廊转角处布置近 54 平方米的长条形景观休闲阳台。

俞 楠 2000 级

华东建筑设计研究院有限公司 建筑创作所二室副总监

2005 年毕业于天津大学建筑学院，获工学学士学位
2014 年毕业于同济大学建筑与城市规划学院，获城市规划硕士学位

2005 年至今任职于华东建筑设计研究院有限公司

获奖项目
1. 南京下关滨江商务区大唐电厂出灰运煤码头景观及建筑改造（民国首都电厂旧址公园）：第五届"现代杯"优秀项目评选建筑工程设计建筑专业奖佳作奖 (2013)
2. 南京长江国际航运中心：第五届上海市建筑学会建筑创作佳作奖 (2013)
3. 上海黄浦区南外滩滨水区综合开发实施方案：第五届上海市建筑学会建筑创作优秀奖 (2011)
4. 虹桥综合交通枢纽公共事务中心大楼：上海市建筑学会建筑创作奖佳作奖 (2011)/ECADI 原创设计奖之"优秀设计奖" (2011)

虹桥综合交通枢纽公共事务中心大楼

设计单位：华东建筑设计研究院有限公司
业主单位：上海申虹投资发展有限公司

上海市建筑学会建筑创作奖佳作奖 (2011)
ECADI 原创设计奖之"优秀设计奖" (2011)

设计团队：杨明、陈跃东、俞楠
项目地点：上海市
场地面积：9,004 ㎡
建筑面积：28,432 ㎡
设计时间：2008 年
竣工时间：2011 年

民国首都电厂旧址公园

设计单位：华东建筑设计研究院有限公司
业主单位：南京下关滨江开发建设投资有限公司

第五届"现代杯"优秀项目评选建筑工程设计建筑专业奖佳作奖 (2013)

设计团队：杨明、俞楠、顾鹏、于汶卉、吴兴昌、
汪凯、刘向、何宏涛、肖俊海、王达威、谈荔辰
项目地点：江苏省南京市
场地面积：9,200 ㎡
建筑面积：3,922 ㎡
设计时间：2013 年
竣工时间：2015 年

基地周边风格性的建筑较少，除中山码头与下关红楼外，均是新建的现代主义建筑或码头临时建筑。中山码头作为城市道路的对景节点，已独具风格，与下关红楼相得益彰，大区域环境已有了民国基调。考虑尊重并与周边环境的融合，方案选择穿插现代体块的古典风格，材质与立面尺度同周围协调统一，融入德国现代主义工业的玻璃金属方窗元素，形成别致的"民国风"。

汪瑞群 2000 级

原构国际设计顾问 建筑创作及城市规划研究中心副总经理

2003 年毕业于天津大学建筑学院，获工学硕士学位

2011 年至今任职于原构国际设计顾问

苏州昆山昆城景苑会所

设计单位：原构国际设计顾问
业主单位：昆山港浩房地产发展有限公司

设计团队：汪瑞群、苏凌、王晖、黄海峰
项目地点：江苏省昆山市
建筑面积：4,321 ㎡
设计时间：2011—2012 年
竣工时间：2013 年

顾志宏 2000 级

天津大学建筑设计规划研究总院 副总建筑师、副总规划师

2003 年毕业于天津大学建筑学院，获建筑学工程硕士学位

1997 年至今任职于天津大学建筑设计规划研究总院

个人荣誉
第九届"中国青年建筑师奖"获得者
中国建筑学会 2013—2014 年度 a+a"中国建筑年度人物"
2013 年被国家留学基金委指定为公派访问学者赴美国明尼苏达大学
访学深造

陕西师范大学 2 号、3 号实验楼

设计单位：天津大学建筑设计规划研究总院
业主单位：陕西师范大学

设计团队：顾志宏、王述琦、孙亚宁
陈昆、马海民、王丽文、张在方
项目地点：陕西省西安市
场地面积：55,000 ㎡
建筑面积：86,000 ㎡
设计时间：2007 年
竣工时间：2010 年

建筑是由2号（物理实验楼）和3号（化学实验楼）联建组成的一个整体的大型高层实验楼。7万余平方米的建筑如何布置在这块非常紧张的方形建筑用地上，才能既满足实验楼的功能要求又创造出丰富的校园空间和独特的校园景观呢？设计利用"表意性未知结构"的设计方法，把"剖析"的概念引进实验楼的设计，力求表达出物理化学实验中探求事物本质、发现内在规律的动人意义，让建筑体量经切挖形成的绚丽多彩的内表面与完整朦胧的外表皮形成对比，创造趣味，同时我们借用了陕北的传统民居形式——地坑院窑洞的空间组织方法和建筑细节意向。"丰富的开放式立体院落"是该建筑空间组织的最大特色，立体庭院既解决了建筑通风采光问题，又创造了丰富的建筑内部和外部空间，同时把先进简洁现代的高科技实验建筑与淡淡乡土气息的传统地方民居的建筑形式巧妙地联系在了一起。

历莹莹 2001 级

中国航天建设集团有限公司 第二设计分院副主任设计师
国家一级注册建筑师
注册城市规划师
高级工程师

2006 年毕业于天津大学建筑学院，获建筑学学士学位
2008 年毕业于意大利米兰理工大学建筑学院，
获建筑学硕士学位

2009 年至今任职于中国航天建设集团有限公司

个人荣誉
中国航天科工集团"十大杰出青年"
中国航天建设集团有限公司"十佳优秀青年设计师"

中国驻巴基斯坦大使馆新建馆舍工程

设计单位：中国航天建设集团有限公司
业主单位：中国外交部

设计团队：王庆霞、历莹莹、胡闻雷、
王军、谭彭燕、李淑玉、贾颖俊
项目地点：巴基斯坦伊斯兰堡
设计时间：2009—2012 年
竣工时间：2015 年

中国驻巴基斯坦大使馆新馆项目位于巴基斯坦首都伊斯兰堡，是目前中国在海外占地面积最大的使馆。

在该使馆建筑群的规划设计中，根据场地的特有条件，采用"分而不散"的设计手法，打造具有中式园林趣味的建筑群落。同时，针对当地干燥炎热、日照强烈的气候条件，运用现代材料，从内而外构筑了"新中式"的建筑风格，保证了地域性、时代感与中国特色的结合，不仅让建筑很好地回应了场地、回应了自然，满足了建设方对于功能性和舒适性的要求，同时还彰显了国力，对国际友人有良好的形象展示作用。

除了传统意义上的隔热遮阳措施外，"灰空间"的利用则是创造性的解决手法。该项目的外墙系统有两个层次：第一个层次是传统意义上的外墙，最贴近室内空间，具有封闭性；第二个层次是由木格栅和装饰片墙所组成的，它最贴近室外空间，具有装饰和遮阳双重作用。

而这两个层次之间所形成的"灰空间"，或成为走道，或成为楼梯，不但丰富了建筑空间，而且缓和了严酷的室外气候对室内环境的影响。伊斯兰堡强烈的日光，透过这些格栅、百叶和片墙，在地面和墙面上留下了斑驳的光影，无声地记录下了时光的转移。

张文淼 2001 级

天津华汇工程建筑设计有限公司 项目经理、项目建筑师

2006 年毕业于天津大学建筑学院，获建筑学学士学位
2008 年毕业于天津大学建筑学院，获建筑学硕士学位

2008—2010 年任职于中国航空规划建设发展有限公司
2010 年至今任职于天津华汇工程建筑设计有限公司

获奖项目
1. 天津中信天嘉湖镜湖苑、望湖苑：天津市"海河杯"优秀勘察设计住宅与住宅小区一等奖（2015）
2. 天津华侨城沁水苑：天津市"海河杯"优秀勘察设计住宅与住宅小区二等奖（2014）

立面图

天津泰达园林建设有限公司研发楼

设计单位：天津华汇工程建筑设计有限公司
业主单位：天津泰达园林建设有限公司

设计团队：张文淼、柴昊、王金鹏、滑建
项目地点：天津市
场地面积：6,708 ㎡
建筑面积：10,723 ㎡
设计时间：2010 年
竣工时间：2014 年

根据基地条件，集中式布局是合理的选择，绿化中庭是办公建筑的常见布局，设计的革新在于绿化模块的多层次引入及通过交通流线的组织，令使用者无论选择哪种路线都会穿越绿色模块，从而带来体验上的变化。正南北的朝向，能更好地利用南北两侧的花园景观及最大限度地解决夏季的自然通风问题。

首层架空作为车库，通风效果好，人流从绿化庭院及观光电梯引入，改变常态的地下车库模式。主入口的绿化平台层叠展开，以错落的片状与周边起伏绿地结合，模拟一种朴实的生长状态，使地面层自然地与二层入口相连，在相当程度上改变了传统办公建筑僵化的面貌。

中信天嘉湖镜湖苑

设计单位：天津华汇工程建筑设计有限公司
业主单位：天津中信天嘉湖投资有限公司

天津市"海河杯"优秀勘察设计住宅与住宅小区一等奖（2015）

设计团队：张文亮、张伟、柴昊、何旭
项目地点：天津市
场地面积：114,600 m²
建筑面积：187,700 m²
设计时间：2011 年
竣工时间：2014 年

建筑外檐设计上有所创新，在传统北美建筑风格
上提升优化，形成既现代又具有生活风情的建筑
造型。折动的双坡屋顶既灵动又丰富了天际线。
立面浅色线条与砖纹理交织，细节丰富。建筑注
重细节刻画，创造了个性、风情、友善的邻里社
区环境。设计力图在各种规范的限制下，保持用
砖纹理作为建筑的特色，通过多种材料比较，选
择了新型材料软磁作为外檐主材，充分利用它自
重轻、易施工等细节表达充分的特点。

立面图

张 男 2001 级

中国建筑设计研究院有限公司本土设计研究中心 副总建筑师、第一设计室主任
中国建筑学会会员
国际古迹遗址理事会（ICOMOS）中国会员

1990 年毕业于山东建筑工程学院建筑系，获工学学士学位
2004 年毕业于天津大学建筑学院，获工学硕士学位

1990—2001 年任职于济南市建筑设计研究院
2004 年至今任职于中国建筑设计院有限公司

个人荣誉
第六届中国建筑学会优秀青年建筑师奖

代表项目
辽宁五女山山城高句丽遗址博物馆 / 河南安阳殷墟博物馆 / 西昌凉山民族文化艺术
中心 / 无锡鸿山遗址博物馆 / 蓬莱古船遗址博物馆 / 万州三峡移民纪念馆 / 南京艺
术学院美术馆、图书馆扩建 / 大同市行政中心 / 江苏张家港金港文化艺术中心 / 湖
南永顺老司城遗址博物馆及游客中心 / 江苏宿迁三台山书院

获奖项目
1. 无锡鸿山遗址博物馆：第六届中国建筑学会建筑创作奖（2012）
2. 西昌凉山民族文化艺术中心：第五届中国建筑学会建筑创作佳作奖（2008）/
中国建筑学会建国 60 周年建筑创作大奖（2009）/ 全国优秀勘察设计行业建筑工
程一等奖（2010）
3. 辽宁五女山山城高句丽遗址博物馆：中国建筑学会建国 60 周年建筑创作大奖
（2009）/ 全国优秀勘察设计行业建筑工程二等奖（2010）
4. 河南安阳殷墟博物馆：第四届中国建筑学会建筑创作优秀奖（2007）/ 中国建
筑学会建国 60 周年建筑创作大奖（2009）

西昌凉山民族文化艺术中心

设计单位：中国建筑设计研究院有限公司崔愷工作室
业主单位：四川凉山州泸山琼海风景区投资开发公司

第五届中国建筑学会建筑创作佳作奖（2008）
中国建筑学会建国 60 周年建筑创作大奖（2009）
全国优秀勘察设计行业建筑工程一等奖（2010）

设计团队：崔愷、张男、何咏梅、李斌、
林蕾、林琢、Eric Spencer
项目地点：四川省西昌市
场地面积：14,800 ㎡
建筑面积：25,684 ㎡
设计时间：2005 年
竣工时间：2007 年

设计以邛海泸山的优美山形地势为契机，力图让自然景观与人文环境共生交融，同时结合绿植、强化自然通风等生态节能举措，创造出贴近自然的大地建筑。建筑考虑到为城市提供开放性的公共空间，造型设计融合提炼了彝族的民间纹样与色彩，创造了具有地域风格的现代城市空间。

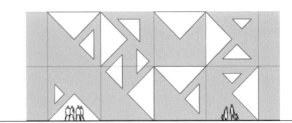

无锡鸿山遗址博物馆

设计单位：中国建筑设计研究院有限公司崔愷工作室
业主单位：无锡吴文化博览园建设发展有限公司

设计团队：崔愷、张男、李斌、熊明倩、郑萌
项目地点：江苏省无锡市
场地面积：20,149 ㎡
建筑面积：9,139 ㎡
设计时间：2007 年
竣工时间：2008 年

设计力图重构一种既与当地自然景致契合，又能反映出春秋战国时期吴越之地自然环境和历史氛围的建筑景观。博物馆依托于丘承墩原址的残存封土来布局，馆主体建筑与封土堆拉开距离以避免对遗址的干扰，同时将丘承墩原址保护棚作为特别主题展厅，串接在整个博物馆的展线上，强调了遗址本体的重要性。

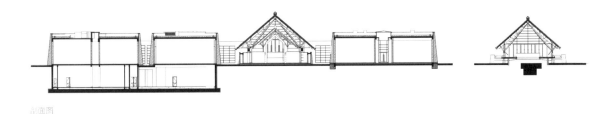

剖面图

建筑形态考虑了遗址封土堆的空间特征，遗址周围环境中呈东西走向的农田肌理，以及苏南民居。融合多种要素形成的建筑形体是一组错动的长方形体量，草顶土墙与质朴的石渣铺地，古朴悠远，与周边的自然环境交融为一体；只有中部架在门厅和原址上的几段铜瓦坡屋面，融合了江南民居的朴素和先秦建筑的粗犷特点，以独特的形象展示了公共空间。

南京艺术学院美术馆

设计单位：中国建筑设计研究院有限公司崔愷工作室
业主单位：南京艺术学院

设计团队：崔愷、张男、赵晓刚、买有群、
张燕、张辉、高凡、王松柏
项目地点：江苏省南京市
场地面积：14,800 ㎡
建筑面积：14,488 ㎡
设计时间：2008 年
竣工时间：2012 年

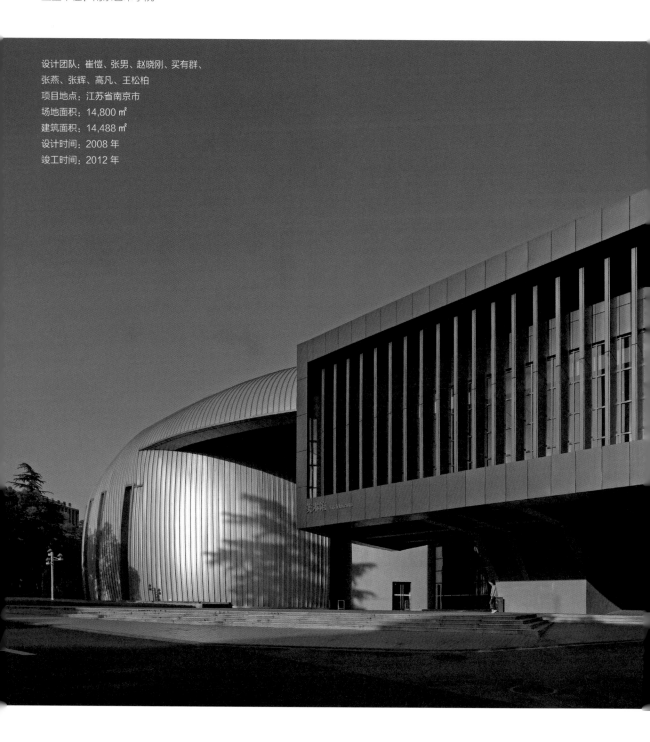

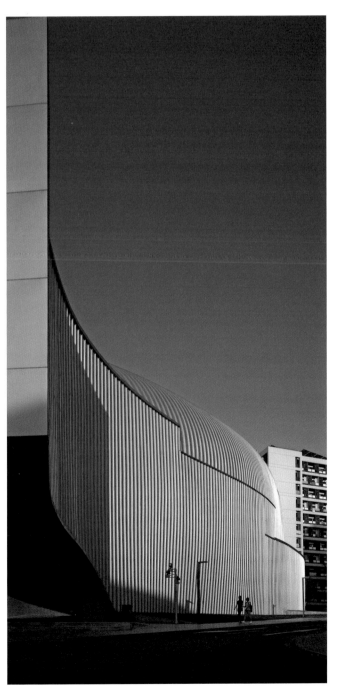

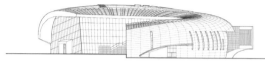

立面图

作为老校区整理改造的收官项目，这个设计的关键是整合包容音乐厅的形体，形成一个由美术馆、音乐厅和南侧的宿舍塔楼共同围合的艺术广场，同时面向城市也提供了具有凝聚力的公共开放空间。造型特征是以柔和的弧线体量应对校区既有建筑所围合的不规则空间，并以亚光的金属外壳塑造独特的外部可识别性与内部的展览空间。

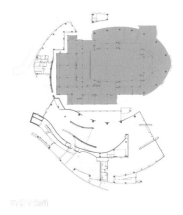

聂 寅 2002 级

天津睿澜建筑设计有限公司 总建筑师
博大东方房地产投资发展有限公司 设计总监
武清天和城 总顾问建筑师

2007 年毕业于天津大学建筑学院，获建筑学学士学位

2007—2012 年任职于天津华汇工程建筑设计有限公司
2012—2014 年任职于天津方易建筑设计有限公司
2014 年至今任职于天津睿澜建筑设计有限公司

个人荣誉
UA 国际竞赛一等奖
五合国际公交车站竞赛二等奖

代表项目
南湖风景区德国城风情商业街
南湖风景区景观建筑
天和城云海产业园
三亚海棠湾天房洲际度假酒店

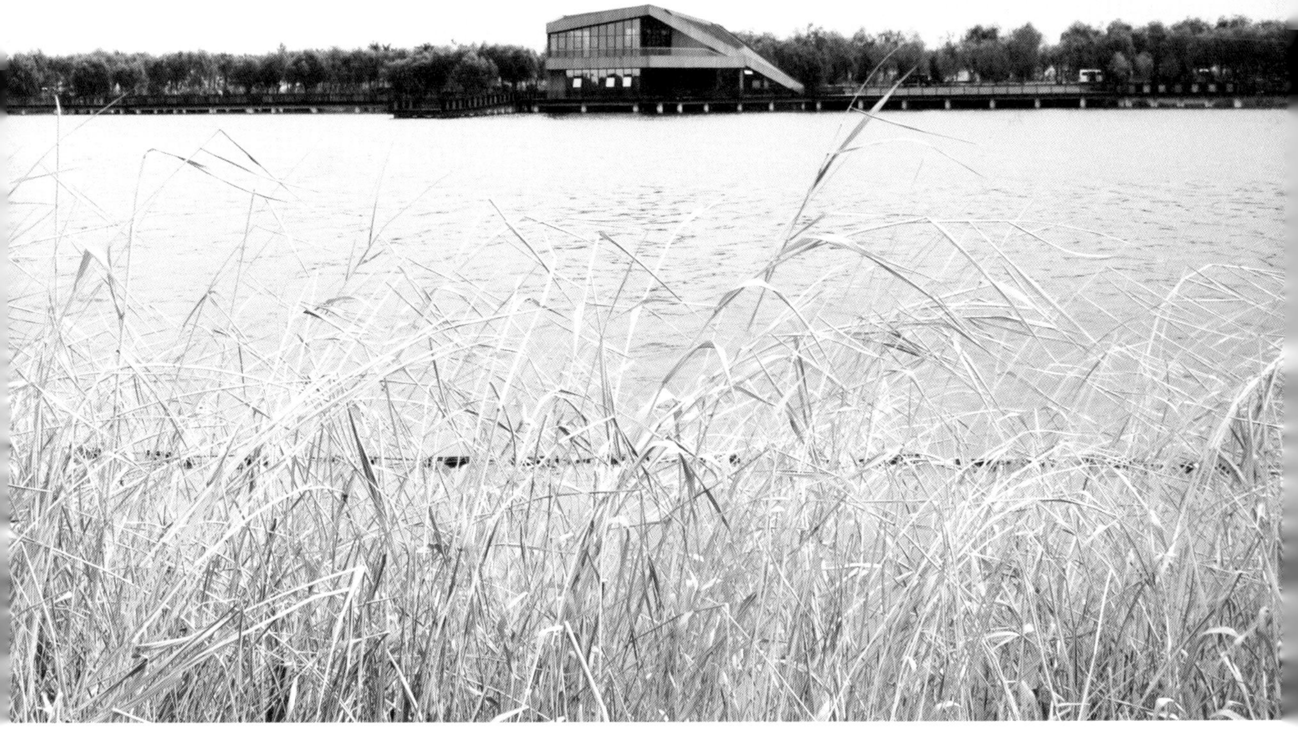

天津市武清区南湖公园景观休息盒子

设计单位：天津睿澜建筑设计有限公司、
天津市新潮市政工程设计有限公司
业主单位：博大东方房地产投资发展有限公司

设计团队：聂寅、师宏刚、
苏伟、李纯、高娟、刘超
项目地点：天津市
场地面积：4,000 ㎡
建筑面积：1,000 ㎡
设计时间：2014 年
竣工时间：2015 年

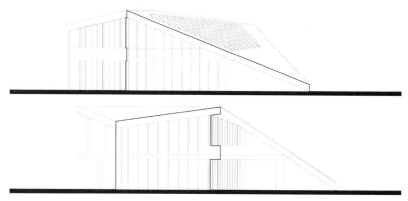

立面图

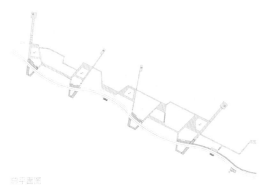

总平面图

项目位于天津市武清区南湖风景区内，是一组配套景观公园的"休息盒子"。最初的设计中，这四个"盒子"仅是一组景观构筑物，后因为服务容量的需要，使得它们体量更大且功能更多。在与 EDSA 景观公司的配合中，力图打造一组体量活跃同时生态自然的建筑，建筑单体平面及立面随几何化岸线进行变化，外檐采用竹木材料与周围的环境相协调。

曹胜昔 2002 级

中国兵器工业集团北方工程设计研究院有限公司 总经理助理
国家一级注册建筑师
正高级工程师
中国房地产业协会第七届理事
河北省"三三三人才工程"第二层次人选
河北省工程咨询院评审专家
河北省建设厅省级传统民居保护专家委员会专家
河北省土木建筑学会建筑师分会第四届理事会理事
河北省卫生计生工程建设管理咨询专家
河北省风景园林协会常务理事
石家庄勘察设计协会特聘专家
石家庄长安区人大代表

2005 年毕业于天津大学建筑学院，获建筑与土木工程硕士学位

1995 年至今任职于中国兵器工业集团北方工程设计研究院有限公司

个人荣誉
第九届中国建筑学会青年建筑师奖（2012）

获奖项目
1. 六九硅业消防站：河北省绿色建筑奖 / 河北省优秀工程勘察设计奖二等奖（2014）
2. 吉林东光集团长春高新区出口基地：国家级一等奖（2013）/ 中国兵器工业建设协会勘察设计创优部级一等奖（2013）
3. 异型高耸钢框筒 - 混凝土剪力墙混合结构整体性能及施工关键技术研究：河北省住房和城乡建设厅建设事业科技进步一等奖（2012）
4. 河北省质量技术监督局 1 号建筑物（河北省质量检验检测大楼）：河北省优秀工程勘察设计奖一等奖（2012）
5. 中国兵器工业信息化产业基地项目：第三届中国工业建筑优秀设计一等奖（2011）
6. 北京车道沟十号院西南角项目：中国兵器工业建设协会勘察设计创优部级一等奖（2010）
7. 石家庄市公安局指挥调度中心：河北省优秀工程勘察设计奖二等奖（2008）

河北第一届园林博览会主展馆设计

设计单位：中国兵器工业集团北方工程设计研究院有限公司
业主单位：石家庄市园林局

设计团队：曹胜昔、杨丽娜、杨帆
项目地点：河北省石家庄市
场地面积：10,687 ㎡
建筑面积：21,565 ㎡
设计时间：2009 年
竣工时间：2011 年

河北省第一届园林博览会主展馆建筑主要用于举办与园艺有关的各种主题展示与活动，它的设计呼应本次园博会的主题"园林走进生活"，借鉴戏剧手法以及接受心理学理论，采用双层立面体系构建了一座具有趣味性与可变性的多重"情境建筑"，并利用声、光、电等手段，将真实或者虚幻的园林渗透到建筑内部，主展馆作为"园林走进生活"的一个重要起点。在展会后展馆已发展成为具有园博特征、永不落幕的城市生态绿化主题公园建筑。

李德新 2002 级

天津大学建筑设计规划研究总院 主任工程师

2005 年毕业于天津大学建筑学院，获建筑学硕士学位
2012 年毕业于天津大学建筑学院，获建筑学博士学位

2005 年至今任职于天津大学建筑设计规划研究总院

获奖项目
1. 辽宁科大聚龙集团办公楼：天津市"海河杯"优秀
勘察设计二等奖（2014）
2. 天津工业大学新校区国际交流中心：天津市"海河杯"
优秀勘察设计二等奖（2013）/ 全国优秀工程勘察设计
三等奖（2013）

天津工业大学国际交流中心

设计单位：天津大学建筑规划设计研究总院
业主单位：天津工业大学

天津市"海河杯"优秀勘察设计二等奖（2013）
全国优秀工程勘察设计三等奖（2013）

设计团队：李德新、秦墨青、柏新予
项目地点：天津市
场地面积：7,440 ㎡
建筑面积：17,944 ㎡
设计时间：2010 年
竣工时间：2012 年

设计的关键在于整合包容音乐厅的形体，形成一个由美术馆、音乐厅和南侧的宿舍塔楼共同围合的艺术广场，为城市提供了具有凝聚力的公共开放空间。以柔和的弧线体量应对校区既有建筑所围合的不规则空间，同时以亚光的金属外壳塑造独特的外部可识别性与内部的展览空间。

李 欣 2003 级

天津市建筑设计院 设计四所副所长、副主任建筑师
国家一级注册建筑师
高级建筑师

2006 年毕业于天津大学建筑学院，获建筑学硕士学位

2006 年至今任职于天津市建筑设计院

代表项目
南开大学津南校区图书馆、办公楼 / 阿尔斯通水电设备（中国）有限公司新建生产基地二期扩建项目 / 华能山西低碳技术研发中心 / 天津市蓟县渔阳养老服务中心 / 天津市西青区王顶堤村村民（居民）安置用房

南开大学津南校区图书馆

设计单位：天津市建筑设计院
业主单位：南开大学

设计团队：李欣、张承、姚惠智、黑嘉媛、李琦
项目地点：天津市
场地面积：97,850 ㎡
建筑面积：66,500 ㎡
设计时间：2011—2013 年
竣工时间：2015 年

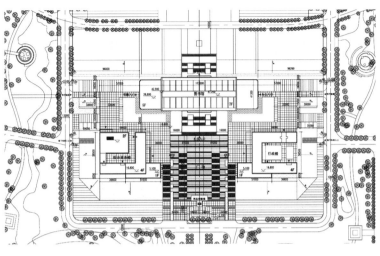

总平面图

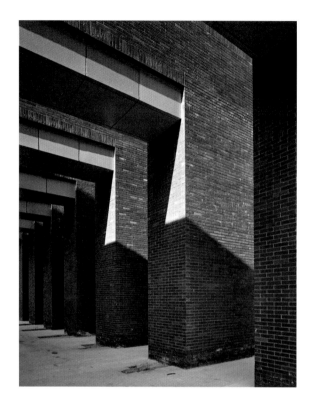

剖面图

项目为南开大学津南校区一期建设的重点工程之一，位于新校区的校前核心区。该项目在新校区投入使用后承担着重要的功能与形象标志作用。新校区的建设不应该局限于物质层面的建设，更应该是对老校区精神的传承。方案保留老校区主楼塔式造型，但并没有进行单纯复制，而是用彰显新时代技术与风格的建筑元素达到精神上的传承与延续。此外，建筑功能与建筑造型也完美地结合。方案利用首层大台阶空间作为密集藏书库；二层至五层为门厅及划分灵活、使用便捷的阅览空间；六层利用建筑体型收分形成较为稳定的物理环境，与善本书库的功能完美结合；建筑顶层为校园制高点，起到标志性作用，同时，其功能为论文库，在精神层面亦成为整个学校的核心。

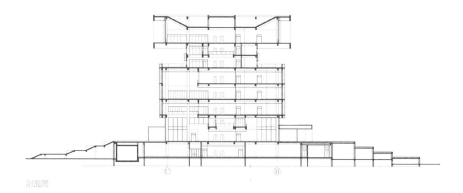

剖面图

设计用天窗提升室内光环境品质，丰富建筑空间体验。贯穿阅览空间的共享中庭采用暖色木质装饰材料，使学生在阅览图书的同时获得宁静的心灵感受。设计关注室内外空间的细节构造，建筑外檐选用代表天津地方特色的页岩砖，顺应天津地方文脉。室内空间根据不同功能进行针对性设计，反映不同空间的使用要求与个性表现。

阿尔斯通水电设备（中国）有限公司
新建生产基地二期扩建项目

设计单位：天津市建筑设计院
业主单位：阿尔斯通水电设备（中国）有限公司

设计团队：李欣、张承、
姚惠智、黑嘉媛、李琦
项目地点：天津市
场地面积：240,000 ㎡
建筑面积：21,170 ㎡
设计时间：2012 年
竣工时间：2013 年

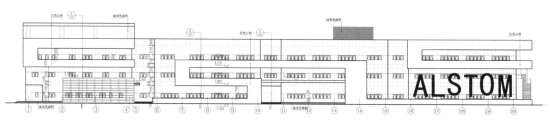

立面图

项目位于天津市空港物流加工区内，建筑功能为阿尔斯通新建生产基地中的办公楼、实验楼、食堂等。阿尔斯通作为世界五百强企业有着严格的生产与办公流程。此外，在建筑立面设计中，运用富于流动感的造型，一方面反映阿尔斯通水电企业的性质，一方面呼应我国传统建筑中隽永灵动的气质，达到中西合璧的效果。

李 艳 2004 级

深圳华汇设计有限公司 副总监
国家一级注册建筑师

2004 年毕业于重庆大学建筑学院，获建筑学学士学位
2007 年毕业于天津大学建筑学院，获建筑学硕士学位

2007—2008 年任职于中建国际（深圳）设计咨询有限公司
2008—2009 年任职于中国建筑西南设计研究院有限公司
2009 年至今任职于深圳华汇设计有限公司

代表项目
杭州湾信息港 / 西安龙湖紫都城星悦荟商业综合体 / 深圳万科
深湾汇云中心 / 深圳留仙洞总部基地一街坊三标段 / 福州阳光
假日广场 / 西安万科城商业综合体 / 昆明中航云玺大宅 / 重庆
中航两江小镇 / 杭州龙湖原著别墅 / 成都佳兆业君汇尚品

获奖项目
1. 昆明中航云玺大宅：全国人居经典方案建筑、环境双金奖
（2014）
2. 杭州湾信息港：中国服务外包最具吸引力科技园区、浙江省
海外高层次人才创业创新基地称号（2012）

昆明中航云玺大宅

设计单位：深圳华汇设计有限公司
业主单位：中航地产

全国人居经典方案建筑、环境双金奖（2014）

设计团队：牟中辉、李艳、潘阳科
项目地点：云南省昆明市
场地面积：625,000 ㎡
建筑面积：612,000 ㎡
设计时间：2011 年
竣工时间：一期 2013 年，后期在建

项目位于昆明滇池东岸，五甲塘湿地公园旁。项目运用国际化的规划视野，借笔滇池绝佳景观资源，谱写有机建筑和美式草原风住宅的华章，堪称艺术性和舒适度的完美之作。除别墅外，设计包括两所双语幼儿园、一所小学、商业、云会所等配套设施，整体规划还涉及湿地公园、昌宏路香樟大道、昆明首个"航母式"大板地下室等。

杭州湾信息港

设计单位：深圳华汇设计有限公司
业主单位：杭州市萧山经济技术开发区管委会

中国服务外包最具吸引力科技园区、
浙江省海外高层次人才创业创新基地称号（2012）

设计团队：肖诚、李艳、韦志远
项目地点：浙江省杭州市
场地面积：52,600 ㎡
建筑面积：280,000 ㎡
设计时间：2009—2012 年
竣工时间：一期 2012 年，二期在建

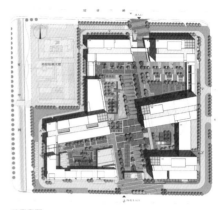

总平面图

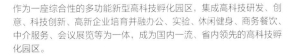

作为一座综合性的多功能新型高科技孵化园区，集成高科技研发、创意、科技创新、高新企业培育并融办公、实验、休闲健身、商务餐饮、中介服务、会议展览等为一体，成为国内一流、省内领先的高科技孵化园区。

张 俨 2005 级

深圳华汇设计有限公司 助理总监

2007 年毕业于天津大学建筑学院，获建筑学硕士学位

2007—2013 年任职于深圳华森建筑与工程设计顾问有限公司
2013—2015 年任职于深圳华汇设计有限公司

个人荣誉
深圳建筑创作奖（2011）
东莞市优秀建筑工程设计二等奖（2008）

代表项目
深圳平湖可域酒店 / 深圳万科·招商盐田壹海城 / 贵州多彩文化中心 / 深圳荷康城销售中心 / 深圳龙华维亚德酒店 / 深圳佳兆业宝吉城市广场 / 深圳当代艺术中心与规划展览馆 / 东莞星城国际住宅项目 / 太原市第五中学 / 福州中海寰宇天下

惠阳安凯酒店

设计单位：深圳华森建筑与工程设计顾问有限公司
业主单位：惠州鸿祥置业有限公司

设计团队：张俨、陆洲、黄文谦、
张翔、黄联辉、李迎
项目地点：广东省惠阳市
场地面积：22,818 ㎡
建筑面积：102,209 ㎡
设计时间：2011 年
竣工时间：2014 年

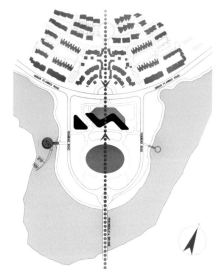

轴线图

深圳平湖可域酒店

设计单位：深圳华森建筑与工程设计有限公司
业主单位：深圳佳兆业集团

深圳建筑创作奖（2011）

设计团队：张俨、黄文谦、张翔、张弛
项目地点：广东省深圳市
场地面积：2,972 ㎡
建筑面积：15,225 ㎡
设计时间：2011 年
竣工时间：2013 年

建筑是环境最直接的反映，将唯一的景观面全部设计为客房，北侧则设计成核心筒。功能上强调建筑的直接、简洁、高效性，是对建筑环境和景观最直接的应对。主要景观面为客房，背面为交通体，建筑造型为三角形板式塔楼，最高效地利用了基地。在狭窄的三角形基地内，解决酒店的平面逻辑和形式逻辑。设计在回应景观资源的同时，在城市界面上通过超薄的建筑体量强化了建筑本身的独特性与差异性。

张 舒 2013 级

华东建筑设计院有限公司 高级建筑师
中国建筑学会会员

2007 年毕业于安徽建筑大学土木工程学院，获工学学士学位
2015 年毕业于天津大学建筑学院，获工程硕士学位

2007—2010 年任职于巴马丹拿建筑设计（上海）有限公司
2010—2011 年任职于葛乔治建筑设计（上海）有限公司
2012—2013 年任职于上海中建建筑设计院有限公司
2014 年至今任职于华东建筑设计院有限公司

代表项目

华润南京悦府 / 宝鸡东岭商业立面改造 / 无锡润泽 18 区商业
立面改造 / 江阴吉鑫风能科技公司办公总部 / 卓达集团天津温
德姆酒店 / 上海建工集团浦江镇 125-3 会展中心

华润南京悦府

设计单位：葛乔治建筑设计（上海）有限公司
业主单位：华润置地房地产有限公司

设计团队：GUS、张舒、缪俊晖、胡莹斌
项目地点：江苏省南京市
场地面积：82,000 ㎡
建筑面积：379,000 ㎡
设计时间：2010—2011 年
竣工时间：2015 年

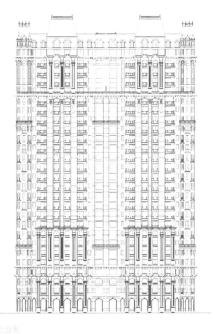

建筑立面采用法式古典五段式的表达方式，遵从古典比例关系，强调底部和顶部的细节处理，突出中段的整体感，整体塑造建筑挺拔尊贵的气质。细部的处理从老虎窗、山墙装饰到精致的铁艺栏杆、拱券造型、窗套的变化、檐口的交接、阳台栏板的虚实对比、窗间墙的装饰等都进行了细腻的刻画和处理，使建筑呈现精致典雅的外观。

法式古典风格，象征着富足、美好、雅致的生活状态。项目通过一系列比例、细部、材质搭配等手法使建筑立面进一步体现尊贵典雅的产品定位。

后记
POSTSCRIPT

天津大学是教育部直属国家重点大学，其前身为北洋大学，始建于 1895 年 10 月 2 日，是中国第一所现代大学，素以"实事求是"的校训、"严谨治学"的校风和"爱国奉献"的传统享誉海内外。这所跨越了 3 个世纪的中国近代高等教育史上建校最早的学府，于 2015 年 10 月 2 日迎来了 120 周年双甲子校庆。在天津大学校庆工作筹备办公室的号召下，各个学院组织了形式丰富、内涵深刻的校庆活动，并以科研成果展示、专著出版等方式为母校献礼。

天津大学建筑学院的办学历史可上溯至 1937 年创建的天津工商学院建筑系。1954 年成立天津大学建筑系，1997 年在原建筑系的基础上，成立了天津大学建筑学院。建筑学院下辖建筑学系、城乡规划系、风景园林系、环境艺术系以及建筑历史与理论研究所和建筑技术科学研究所等。学院师资队伍力量雄厚，业务素质精良，在国内外建筑界享有很高的学术声誉。几十年来，天津大学建筑学院已为国家培养了数千名优秀毕业生，遍布国家各部委及各省市、自治区的建筑设计院、规划设计院、科研院所、高等院校和政府管理、开发建设等部门，成为各单位的业务骨干和学术中坚力量，为中国建筑事业的发展做出了突出贡献。

2015 年 4 月，天津大学建筑学院和天津大学出版社决定共同编纂《北洋匠心——天津大学建筑学院校友作品集》系列丛书，回顾历史、延续传统，力求全面梳理建筑学院校友作品，将北洋建筑人近年来的工作成果向母校、向社会做一个整体的汇报及展示。

2015 年 5 月，建筑学院校友会正式开始面向全体天津大学建筑学院校友征集稿件，得到了广大校友的积极反馈和大力支持，陆续收到 150 余位校友的项目稿件，地域范围涵盖华北、华东、华南、西南、西北、东北乃至北美、欧洲等地区的主要城市，作品类型包含教育建筑、医疗建筑、交通建筑、商业建筑、住宅建筑、规划及景观等，且均为校友主创或主持的近十年内竣工的项目（除规划及城市设计），反映了校友们较高水平的设计构思和精湛技艺。

2015 年 7 月，在彭一刚院士、周恺大师、张颀院长、王兴田会长、张中增会长、金卫钧副会长、荆子洋教授参加的编委会上，几位编委共同对校友提交的稿件进行了全面的梳理和严格的评议，最终确定收录了自 1977 年恢复高考后入学至今的 129 位校友的 253 个作品。

　　本书以校友入学年份为主线，共分为四册。在图书编写过程中，编者不断与校友沟通，核实作者信息及项目信息，几易其稿，往来邮件数封，力求做到信息准确、内容翔实、可读性高。本书的编纂得到了各界支持，出版费用也由校友众筹。在此，向各位投稿的校友、编委会的成员、各位审稿的校友、各位关心本书编写的校友表示衷心感谢。感谢彭一刚院士、崔恺院士对本书的关注和中肯意见，感谢张颀院长和张玉坤书记对本书编辑工作的支持，感谢各地校友会对本书征稿工作的组织与支持，感谢中国建筑设计研究院有限公司、北京市建筑设计研究院有限公司、天津市建筑设计院、天津大学建筑设计规划研究总院、上海市建筑设计研究院有限公司、天津华汇工程建筑设计有限公司、CCDI 悉地国际设计顾问有限公司等单位对本书编辑工作的大力支持！最后，感谢本书编辑、美编、摄影等工作人员的高效工作与辛勤付出！

　　掩卷感叹，经过近半年时间紧锣密鼓的筹备，这套丛书终于完稿。内容之精彩，让人不禁感慨于天大建筑人一代又一代的辛勤耕耘，感叹于校友们的累累硕果。由于建筑学院历届校友众多，遍布五湖四海，收录不全实为遗憾，编排不当之处在所难免，敬请各位校友谅解，并不吝指正。

　　最后，谨以此书，献给天津大学 120 年华诞！愿遍布全世界的天大人携手一心，续写北洋华章，再创新的辉煌！

本书编委会

2015 年 10 月

图书在版编目（CIP）数据

北洋匠心：天津大学建筑学院校友作品集.4 /
《北洋匠心：天津大学建筑学院校友作品集》编委会编著
. 一天津：天津大学出版社，2015.9
　（北洋设计文库）
　ISBN 978-7-5618-5411-2

Ⅰ.①北… Ⅱ.①北… Ⅲ.①建筑设计－作品集－中
国－现代 Ⅳ.① TU206

中国版本图书馆 CIP 数据核字 (2015) 第 211929 号

责任编辑　朱玉红
美术编辑　贺诗淇、李志林
图书策划　天津天大乙未文化传播有限公司
编辑邮箱　yiweiculture@126.com
编辑热线　022-58950852

出版发行　天津大学出版社
地　　址　天津市卫津路 92 号天津大学内（邮编：300072）
电　　话　发行部 022-27403647
网　　址　publish.tju.edu.cn
印　　刷　廊坊市瑞德印刷有限公司
经　　销　全国各地新华书店
开　　本　185mm × 260mm
印　　张　19.625
字　　数　277 千
版　　次　2015 年 11 月第 1 版
印　　次　2015 年 11 月第 1 次
定　　价　298.00 元